人工智能技术的发展与应用

陈锦回 ◎ 著

吉林科学技术出版社

图书在版编目（CIP）数据

人工智能技术的发展与应用 / 陈锦回著 . -- 长春：吉林科学技术出版社，2024. 5. --ISBN 978-7-5744-1593-5

I.TP18

中国国家版本馆 CIP 数据核字第 2024PQ6138 号

人工智能技术的发展与应用

著　陈锦回
出版人　宛　霞
责任编辑　王明明
封面设计　易出版
制　版　易出版
幅面尺寸　170mm × 240mm
开　本　16
字　数　210 千字
印　张　11.5
印　数　1~1500 册
版　次　2024 年 5 月第 1 版
印　次　2024 年12月第 1 次印刷

出　版　吉林科学技术出版社
发　行　吉林科学技术出版社
地　址　长春市福祉大路5788 号出版大厦A 座
邮　编　130118
发行部电话/传真　0431-81629529　81629530　81629531
81629532　81629533　81629534
储运部电话　0431-86059116
编辑部电话　0431-81629510
印　刷　廊坊市印艺阁数字科技有限公司

书　号　ISBN 978-7-5744-1593-5
定　价　75.00 元

前 言

在科技飞速发展的今天，人工智能技术已经成为引领数字化转型的核心力量，它正在以前所未有的速度改变着我们的生活方式、工作模式和思维方式。本书《人工智能技术的发展与应用》旨在为读者提供一份全面而深入的指南，探索人工智能的多个维度，包括其理论基础、技术分类、应用领域以及伴随而来的伦理和法律问题。

本书首先从人工智能的基本概念出发，追溯了其发展历程，并详细阐述了当前国内外 AI 技术的发展现状和未来趋势。通过对 AI 技术的多元分类及特征的剖析，读者能够更清晰地理解不同 AI 技术的核心特点和优势，并为后续的深入学习和应用打下坚实的基础。

在应用领域方面，本书精选了医疗、金融、教育、交通等关键行业，详细探讨了人工智能技术如何与这些行业深度融合，并推动其创新与变革。在医疗领域，人工智能技术不仅提高了诊断的精准度和效率，还在药物研发和医疗管理中发挥着越来越重要的作用。在金融领域，AI 技术为风险评估、投资决策和金融监管带来了革命性的变化。教育领域也正在经历着由 AI 驱动的个性化学习和智能辅导的转型，而交通领域的智能化则依赖于 AI 在交通管理、自动驾驶和智能交通系统中的应用。

然而，随着人工智能技术的广泛应用，伦理和法律问题也日益凸显。本书深入分析了 AI 技术引发的道德困境、伦理挑战以及法律责任问题，旨在引发读者对这一领域的深刻思考。我们探讨了机器伦理与人工智能自主决策能力的可能性，同时审视了 AI 技术应用中的法律责任界定和侵权行为认定等复杂问题。

展望未来，人工智能技术将继续在创新中前行。本书对下一代AI技术的研究方向和全球发展趋势进行了预测，指出了人工智能发展的关键领域和战略方向。同时，我们也应清醒地认识到，人工智能的发展既带来机遇，也伴挑战。数据安全与隐私保护、技术标准制定以及国际合作等问题，都是我们在推进AI技术应用过程中必须认真面对和解决的课题。

在编写本书的过程中，我们力求内容的精练和准确性，避免冗余和重复，以期为读者提供一本高质量的参考书籍。我们希望通过这本书，能够帮助读者建立起对人工智能技术的全面认识，激发读者对这一领域的兴趣和热情，并为读者在未来的学习和工作中提供有益的指导和启示。

无论您是人工智能领域的专家学者，还是对AI技术感兴趣的普通读者，本书都将为您提供宝贵的信息和洞见。让我们一起携手，共同探索人工智能的无限可能，共同迎接一个更加智能、高效和美好的未来。

此外，我们要特别感谢为本书贡献智慧和力量的编辑和校对人员。他们的辛勤工作和专业素养，是本书能够顺利出版并呈现在读者面前的重要保证。同时，我们也要感谢每一位读者，是您的支持和反馈，不断激励着我们追求卓越，为您提供更加优质的内容和服务。

最后，愿本书成为您探索人工智能领域的良伴，引领您在这一前沿科技领域中不断前行，收获知识与智慧的硕果。

著 者

2024年4月

目 录

第一章 人工智能技术概述

第一节 人工智能的定义与发展脉络

一、人工智能的基本概念

人工智能（Artificial Intelligence，AI）是当代科技领域中最具影响力和前景的技术之一。它是一门涉及多个学科交叉的综合性科学，旨在研究、开发和应用能够模拟、延伸和扩展人类智能的理论、方法、技术及应用系统。人工智能的核心在于赋予机器类似于人类的感知、学习、推理、决策和行动等能力，从而使其能够胜任一些通常需要人类智能才能够完成的复杂工作。

（一）智能的本质

智能是人工智能研究的核心。然而，对于“智能”的定义，不同学科和领域有着不同的理解和解释。从广义上讲，智能可以被认为是生物体或机器所具备的认识、理解、学习、推理、决策和行动等能力。在人工智能领域，智能通常被理解为一种能够模拟人类智能的能力，它包括感知、学习、推理、决策和行动等方面。

（二）模拟人类智能

人工智能的核心目标之一是模拟人类智能。这包括模拟人类的感知能力，如视觉、听觉、触觉等；模拟人类的学习能力，如通过数据训练模型，使机器能够自动学习和改进；模拟人类的推理能力，如基于逻辑推理和符号处理的人工智能系统，以及模拟人类的决策和行动能力，如通过机器学习等技术，使机器能够自主执行复杂任务。

（三）技术与应用

人工智能是一门技术科学，其研究涉及多个学科领域，包括计算机科学、数学、心理学、哲学等。同时，人工智能也是一门应用科学，其研究成果广泛应用于各个领域，如医疗、金融、交通、教育等。

人工智能是一门涉及多个学科交叉的综合性科学，旨在研究、开发和应用能够模拟、延伸和扩展人类智能的理论、方法、技术及应用系统。通过人工智能技术，可以实现对数据的自动化处理和分析，提高生产效率和服务质量；可以实现智能机器人、智能家居等智能化设备的开发和应用；还可以实现自然语言处理、计算机视觉等技术的应用和发展。未来，人工智能将与更多领域融合，推动产业的创新和发展，为人们带来更加便捷、高效和智能的生活方式。

二、人工智能的发展历程及应用领域

人工智能（Artificial Intelligence，AI）作为一门跨越多个学科的前沿技术科学，其基本概念蕴含着丰富的内涵与外延，不仅涉及技术实现的细节，还关乎哲学、伦理学、社会学等多个层面的深刻探讨。为了深入理解这一主题，将从历史背景、技术架构、应用领域以及未来展望等多个维度展开论述。

（一）历史背景与发展阶段

人工智能的历史可以追溯到20世纪中叶，标志性事件包括图灵1950年提出的“图灵测试”，以及达特茅斯会议（1956年），标志着AI作为一个独立研究领域的诞生。自此以后，人工智能经历了几次大的发展浪潮，伴随技术突破与实践应用的起伏。

1．早期探索（1950—1970年）

人工智能的早期探索阶段可以追溯到20世纪50年代至70年代。在这一时期，研究人员热衷于构建基于符号逻辑的推理系统，尝试通过模拟人类思维的逻辑过程来赋予机器智能。这些研究往往关注于如何通过明确的编程规则来模拟人类的认知过程，使机器能够在特定任务中表现出一定的智能。

早期的尝试主要集中在简单的规则匹配和专家系统上。专家系统通过收集领域专家的知识和经验，并将其编码为计算机可以理解的规则集。这些系统可以基于这些规则集进行推理和决策，从而在某些特定任务上辅助或替代人类专家。例如，医疗诊断专家系统可以根据病人的症状和体征，结合医生的经验和知识，进行疾病的初步诊断。

这些早期的系统存在着一些明显的局限性。表现一，是它们缺乏足够的灵活性和适应性，无法处理超出预设规则范围的问题。表现二，由于系统是基于明确编程的规则集构建的，因此它们的学习能力非常有限，无法从新的数据中学习新的知识和经验。这些局限性使得这些系统距离真正的智能还有很大的差距。

2. 知识工程与专家系统（1970—1990 年）

随着计算机存储和处理能力的不断提升，人们开始探索构建更加复杂和庞大的知识系统。这些系统不仅包含大量的特定领域知识，还能够基于这些知识进行推理和决策。在这一时期，知识工程与专家系统成为人工智能领域的重要分支。

知识工程旨在通过构建和组织知识库来支持复杂的问题求解过程。它通过收集和整理领域内的专业知识和经验，构建出一个包含大量信息的知识库。这个知识库可以作为推理和决策的基础，帮助系统理解和解决复杂的问题。

专家系统也得到了进一步的发展和完善。人们开始构建更加复杂和高级的专家系统，这些系统能够处理更加复杂和多样的问题。例如，在医疗领域，人们构建了能够处理多种疾病和症状的医疗诊断专家系统；在金融领域，人们构建了能够分析市场趋势和预测股票价格的金融分析专家系统。

这些专家系统能够辅助人类专家进行决策，提高决策的准确性和效率。它们基于领域内的专业知识和经验进行推理和决策，能够处理大量复杂的信息和数据，并给出相应的建议或解决方案。这使得专家系统在各个领域都得到了广泛的应用和推广。

尽管专家系统在某些领域取得了显著的成果，但它们仍然面临着一些挑战和局限性。表现一，专家系统的构建和维护需要大量的专业知识和经验，这使得它们的开发成本较高。表现二，专家系统通常只能处理特定领域的问题，缺乏跨领域的通用性。专家系统仍然缺乏足够的灵活性和学习能力，无法适应复杂多变的环境和需求。这些局限性使得专家系统在未来的发展中仍然需要进一步的改进和完善。

3. 机器学习的兴起（1990—2010 年）

进入 21 世纪后，随着数据量的爆炸性增长和计算能力的提升，统计学习方法和数据驱动的机器学习技术开始崭露头角，并逐渐在人工智能领域占据核心地位。与早期基于明确编程规则的专家系统不同，机器学习算法能够自主地从大量数据中挖掘和发现潜在的规律与模式，这使得它们能够在没有人类明确指导的情况下进行预测和分类。

在这一时期，机器学习领域涌现出了许多重要的算法和技术。支持向量机（SVM）以其高效和准确的数据分类能力而备受瞩目；决策树和随机森林则通过构建树形结构来模拟人类的决策过程，实现对数据的分类和预测；而神经网络作为机器学习的一个分支，也开始展现出其强大的学习能力。

这些机器学习算法不仅在学术界得到了广泛的关注和研究，更在工业界得到了广泛的应用。在图像识别领域，机器学习算法能够自动识别和分类图像中的物体与场景；在语音识别领域，机器学习算法能够准确地将语音信号转换为文本；在自然语言处理领域，机器学习算法能够理解和生成人类语言。这些应用不仅极大地提高了工作效率，还为人们带来了更加便捷和智能的生活体验。

4. 深度学习与大数据时代（2010 年至今）

近年来，随着计算能力的飞跃和互联网产生的海量数据，深度学习尤其是深度神经网络技术取得了革命性的进展。深度学习技术通过模拟人类神经网络的运作方式，构建出具有多层次神经元和连接的神经网络模型。这些网络模型能够学习数据的复杂特征和规律，并在多个领域取得了显著的成果。

在图像识别领域，深度学习技术已经能够实现对图像中物体的精确识别和分类，甚至在某些方面超越了人类的表现。在语音识别领域，深度学习技术能够准确地将语音信号转换为文本，并支持多语种识别和语音合成。在自然语言处理领域，深度学习技术能够理解和生成人类语言，实现机器翻译、智能问答等功能。

随着大数据时代的到来，人们可以收集到更多的数据来训练深度学习模型。这些数据不仅包含了更多的信息，还涵盖了更广泛的领域和场景。这使得深度学习模型能够学习到更加丰富的知识和经验，进一步提高模型的性能和准确性。

深度学习技术的广泛应用不仅推动了人工智能领域的快速发展，也为各行各业带来了深刻的变革。在医疗领域，深度学习技术可以帮助医生进行疾病诊断和治疗方案制定；在金融领域，深度学习技术可以辅助银行进行风险评估和欺诈监测；在交通领域，深度学习技术可以实现智能交通管理和自动驾驶等功能。这些应用不仅提高了工作效率和安全性，还为人们带来了更加便捷和智能的生活体验。由此可知，深度学习技术已经成为人工智能领域的重要发展方向之一，并将继续引领未来的科技变革。

（二）应用领域

人工智能的应用已经渗透到社会生活的各个角落，从基础科学研究到日常消费，再到政府决策，无所不在。以下是几个主要的应用领域。

1．智能制造

人工智能在制造业中的应用已经越来越广泛。通过智能机器人、预测维护等技术，制造业可以实现生产过程的自动化和智能化，提高生产效率和产品质量。同时，人工智能还可以帮助企业实现供应链的优化和资源的合理配置。

2．医疗健康

人工智能在医疗健康领域的应用也日益增多。例如，通过深度学习和图像识别技术，人工智能可以辅助医生进行疾病诊断；通过自然语言处理和大数据分析技术，人工智能可以为患者提供个性化的治疗方案设计；通过机器学习技术，人工智能还可以帮助药物研发人员进行药物发现和临床试验等工作。

3．金融服务

人工智能在金融服务领域的应用也日益广泛。例如，通过机器学习和大数据分析技术，人工智能可以对客户进行风险评估和信用评级；通过自然语言处理和文本挖掘技术，人工智能可以帮助银行进行欺诈监测和反洗钱等工作；通过智能投顾等技术，人工智能还可以为客户提供个性化的投资建议和资产管理服务。

4．教育

人工智能在教育领域的应用也日益增多。例如，通过智能辅导系统和个性化学习平台，人工智能可以为学生提供个性化的学习资源和辅导服务；通过自然语言处理和知识图谱技术，人工智能还可以帮助教师进行教学资源的整合和课程设计等工作。

5．交通出行

人工智能在交通出行领域的应用也越来越广泛。例如，自动驾驶汽车通过计算机视觉和感知技术实现自主驾驶；智能交通管理系统通过大数据分析和预测技术优化交通流量和减少拥堵；个性化出行服务则通过机器学习技术为用户提供定制化的出行方案。

6．娱乐与媒体

人工智能在娱乐与媒体领域的应用也日益增多。例如，通过自然语言处理和机器生成技术，人工智能可以辅助内容创作者进行剧本创作和小说编写；通过图像识别和视频分析技术，人工智能可以为用户推荐符合其兴趣的电影和电视节目；

通过虚拟现实和增强现实技术，人工智能还可以为用户提供沉浸式的娱乐体验。

7. 伦理、法律与社会影响

随着人工智能技术的不断发展和应用，其对伦理、法律与社会等方面的影响也日益凸显。例如，如何保障人工智能技术的安全性和可靠性、如何避免人工智能技术被滥用和误用、如何平衡人工智能技术的发展与个人隐私、数据安全等权益之间的关系等问题都需要得到关注和解决。

人工智能不仅是技术层面的探讨，它还涉及对人类社会未来形态的构想与塑造。随着技术的进步，人类社会必须同步思考如何利用 AI 的力量，同时确保技术的发展服务于全人类的福祉，促进社会的公平、正义与可持续发展。

第二节　人工智能技术的多元分类及特征

一、按功能划分的 AI 技术类型

按照功能划分，人工智能技术主要可以分为以下几种类型。

（一）感知型 AI

感知型 AI 专注于模拟人类的感知能力，特别是视觉和听觉能力，以便机器能够获取、处理和理解来自这些感知通道的信息。

1. 计算机视觉

计算机视觉旨在让机器能够理解和解释视觉信息。其核心技术包括图像识别和视频分析。

图像识别：图像识别是计算机视觉中的一个重要任务，它涉及对图像中的物体、场景或特征进行识别。常见的图像识别任务包括面部识别、形状监测、目标跟踪等。在面部识别中，算法可以分析图像中的人脸特征，如眼睛、鼻子和嘴巴的形状，以识别出特定的人。形状检测则涉及识别图像中的几何形状，如圆形、矩形或更为复杂的物体轮廓。

视频分析：视频分析是计算机视觉在视频流上的应用，它要求算法能够理解视频中的事件关联信息。视频分析可被应用于多种场景，如安全监控、交通流量分析和人体行为识别。通过分析视频帧之间的变化，算法可以跟踪移动物体、检测异常行为或分析人群流动模式。

2. 语音识别

语音识别技术旨在将人类语音转换为文本或命令，以便机器能够理解和响应。语音识别涵盖多个任务，包括音素识别、声调处理和自然语言理解。

音素识别：音素是构成语音的基本单元，音素识别是语音识别中的基础任务。它涉及将输入的语音信号分割成音素序列，并识别每个音素的身份。

声调处理：对于许多语言（如中文和某些其他亚洲语言），声调是区分不同单词或意思的关键因素。声调处理涉及识别和分析语音中的声调变化，以便正确解释语音的含义。

自然语言理解：语音识别不仅是将语音转换为文本，更重要的是理解这些文本的含义。自然语言理解涉及将文本解析为有意义的语句、短语或概念，并将其与机器的知识库或上下文进行关联。这样，机器就可以根据语音指令执行相应的操作或回答问题。

感知型 AI 技术在许多领域都有广泛的应用，包括自动驾驶、安防监控、智能家居、医疗诊断等。随着技术的不断进步，这些技术将继续发展和完善，并为人类社会带来更多便利和可能性。

（二）认知型 AI

认知型 AI 主要侧重于模拟人类的思维过程和知识理解能力，使机器能够进行复杂的推理、理解和决策。

1. 自然语言处理（NLP）

自然语言处理是使计算机能够理解、解释和生成人类语言的技术。它涵盖了多个方面，其中最重要的是语言翻译和语义理解。

语言翻译：语言翻译技术旨在将一种自然语言自动转换成另一种自然语言，同时保持原文的含义。这不仅是单词到单词的直译，还需要考虑文化和语境的差异，以确保翻译的准确性和自然性。随着深度学习技术的发展，神经网络翻译模型（如 Transformer）已经显著提高了翻译的准确性和流畅性。

语义理解：语义理解侧重于深入剖析语言的内在含义和上下文。这包括识别文本中的实体、关系、情感和意图，以及理解复杂的句子结构和修辞手法。语义理解技术使得机器能够更深入地与人类进行交互，而不仅仅是停留在表面的文字交流上。

2. 机器学习

机器学习是人工智能领域的一个重要分支，它研究如何通过算法让机器从数据中学习并改进性能。机器学习技术主要分为以下几种类型。

监督学习：在监督学习中，算法通过训练数据集进行学习，这些数据集包含了已知的输入和输出对象。算法通过分析输入与输出之间的关系来构建一个模型，该模型能够对新的输入数据进行预测。常见的监督学习算法包括线性回归、逻辑回归、支持向量机和决策树等。

无监督学习：与监督学习不同，无监督学习的训练数据没有明确的标签或输出。算法需要自行发现数据中的结构、关联或聚类。常见的无监督学习技术包括聚类分析（如 K-means 算法）和降维技术（如主成分分析 PCA）。

强化学习：强化学习是一种通过与环境交互来学习最优决策策略的方法。智能体（agent）通过尝试不同的动作来最大化累积奖励，从而学会在特定环境中做出最佳决策。强化学习在游戏、机器人控制和自动驾驶等领域有广泛应用。

认知型 AI 技术的发展为机器赋予了更高级别的智能和自主决策能力，使得机器能够更好地理解和响应人类的需求和意图。

（三）执行型 AI

执行型 AI 专注于模拟人类的行动和执行能力，使机器人能够基于指令、规则或自我学习来执行各种任务。以下是执行型 AI 的两个主要领域。

1. 机器人技术

机器人技术涉及机器人的设计、开发、构建、操作和应用，旨在使机器人能够自主地执行各种物理任务。机器人技术已经广泛应用于许多领域。

制造业：机器人在汽车、电子等行业的装配线上执行稳定、标准的任务，提高了生产效率和降低了人力成本。

太空探测：机器人被用于执行太空任务，如火星探测、月球采样等，这些任务对于人类来说既危险又耗时。

医疗服务：机器人辅助手术、药物递送等医疗服务，提高了手术的精确度和安全性。

救援工作：在灾难现场，机器人可以执行搜救、清理等任务，降低救援人员的风险。

2. 专家系统

专家系统是一种模拟人类专家决策能力的计算机系统。它通过积累专家知识、经验和规则，并使用逻辑推理和决策技术来执行特定的任务。专家系统的有效性依赖于知识库中积累的知识、经验和规则的质量。专家系统通常用于以下领域。

医学诊断：专家系统可以分析病人的症状和医疗记录，提供诊断建议和治疗方案。

金融服务：在金融领域，专家系统可以用于风险评估、投资决策等任务。

法律咨询：专家系统可以基于法律条文和案例，为用户提供法律咨询和解决方案。

地质勘探：专家系统可以分析地质数据，预测矿产资源的分布和开采难度。

执行型AI通过机器人技术和专家系统等方式，使机器人能够自主地执行各种任务，并在许多领域发挥着重要作用。随着技术的不断进步，执行型AI将在更多领域得到应用和发展。

二、各类AI技术的核心特点与优势

（一）认知AI（Cognitive AI）

认知AI：模拟人类思维与决策的人工智能分支

认知AI，作为人工智能领域的一颗璀璨明星，凭借其高度模拟人类思维与决策过程的能力，正逐渐改变着对机器智能的认知。它不仅是一种技术，更是一种理念的体现，致力于创造出那些感觉上“像人一样”的交互，让机器具备类似于人类的认知能力。

在认知AI的领域中，研究者们不断探索和模拟人类的思维方式，试图让机器能够理解和处理复杂的信息，并在处理问题时展现出更高的智能水平。这种能力不仅体现在对结构化数据的处理上，更重要的是，它还能够理解和分析非结构化信息，如自然语言文本、图像和音频等。这使得认知AI在处理复杂问题时更加得心应手，能够更准确地理解人类的需求和意图。

认知AI的核心优势在于其模拟人类认知过程的能力。它通过模拟人类的思维方式和决策过程，使得机器能够像人一样进行思考和推理。这种能力使得认知AI在处理复杂问题时能够展现出更高的灵活性和准确性。无论是面对复杂的逻辑推理问题，还是处理海量的非结构化数据，认知AI都能够迅速而准确地找到答案，为人类提供有效的帮助。

认知AI还具备持续学习的能力。它能够在处理问题的过程中不断积累经验和知识，从而不断提升自身的智能水平。这种学习能力使得认知AI能够不断适应新的环境和需求，为各种领域提供更加智能化和个性化的解决方案。

认知AI以其高度模拟人类思维与决策过程的能力，成为人工智能领域的一颗璀璨明星。它不仅能够处理复杂的信息，还能够理解和分析人类的需求和意图，为各种领域提供更加智能化和个性化的解决方案。随着技术的不断发展，相信认知 AI 将会在未来发挥更加重要的作用，为人类社会带来更多的便利和效益。

（二）机器学习 AI（Machine Learning AI）

机器学习 AI：自主从数据中学习和提升的智能系统

机器学习 AI，作为人工智能领域的一个重要分支，代表了那些具备自主从数据中学习和提升能力的智能系统。简而言之，机器学习 AI 就如同那些能在高速公路上熟练驾驶的自动驾驶汽车，它们不需要人为地实时操控，而是依靠自身对大量数据的分析来做出决策。

机器学习 AI 的核心在于其自主学习的能力。这种系统通过算法对大量数据进行深入挖掘和分析，以识别出隐藏在数据中的模式和规律。这些模式可能是复杂的、难以通过传统统计分析方法直接观察到的，但机器学习 AI 却能够凭借强大的计算能力和先进的算法，发现它们并据此进行预测和决策。

与传统的编程方式相比，机器学习 AI 不需要人类预先编写特定的规则或指令。相反，它通过数据来“训练”自己，逐步提高自己的能力。在训练过程中，机器学习 AI 会不断地进行尝试、错误和调整，直到找到最佳的解决方案。这种自主学习的过程使得机器学习 AI 能够在面对新的数据和情况时，快速适应并做出准确的决策。

机器学习 AI 的应用范围非常广泛。在自动驾驶领域，机器学习 AI 能够实时分析路况、车辆和行人等信息，以做出安全的驾驶决策。在金融领域，机器学习 AI 可以分析市场数据、预测股票价格或货币汇率，为投资者提供有价值的建议。在医疗领域，机器学习 AI 可以辅助医生进行疾病诊断和治疗方案制定，提高医疗质量和效率。

机器学习 AI 是一种具备自主从数据中学习和提升能力的智能系统。它通过算法对大量数据进行分析和挖掘，以识别出隐藏在数据中的模式和规律，并据此进行预测和决策。随着技术的不断发展，机器学习 AI 将在更多领域发挥更加重要的作用，为人类社会带来更多的便利和效益。

（三）深度学习（Deep Learning）

深度学习：模拟人类大脑，解析大数据的机器学习子集

深度学习，作为机器学习领域中的一颗璀璨明珠，不仅是对传统机器学习方法的延伸，更是对人类大脑工作原理的深入模拟。它借助先进的神经网络模型，对海量的数据进行无监督或半监督的分析，从而揭示出数据背后的深层结构和规律。

深度学习的核心在于其构建的神经网络模型。这些模型由多个层次组成，每一层都负责提取和转换数据的特征。通过不断地迭代和优化，这些神经网络能够逐渐学习到数据的内在表示，从而实现对复杂问题的准确建模和预测。

与传统的机器学习算法相比，深度学习具有更强的泛化能力和更高的准确性。它能够自动地从原始数据中提取出有用的特征，而无须人工进行特征工程。这使得深度学习在处理高维、复杂数据时更具优势，能够更好地应对现实世界中的挑战。

深度学习的应用广泛而深远。在图像识别领域，深度学习已经取得了突破性的进展，能够准确地识别出图像中的物体、场景和人脸等。在语音识别领域，深度学习使得机器人能够像人一样理解和生成自然语言，为智能客服、智能家居等应用提供了强大的支持。深度学习还在自然语言处理、推荐系统、游戏 AI 等领域发挥着重要作用。

深度学习是机器学习领域中的一个重要子集，它通过模拟人类大脑的工作原理，对大数据进行无监督或半监督的分析，从而揭示出数据背后的深层结构和规律。随着技术的不断发展，深度学习将在更多领域发挥重要作用，从而推动人工智能技术的不断进步和应用。

这些人工智能技术各有特点，但在实际应用中，它们经常相互结合，共同发挥作用。例如，深度学习通常作为机器学习的一个子集，用于处理更复杂的任务。同时，这些技术也在不断发展中，新的方法和应用不断涌现，推动了人工智能技术的整体进步。

第三节　人工智能技术的当前状况与前景

一、国内外 AI 技术的发展现状

（一）国内 AI 技术的发展现状

人工智能在中国的应用领域正在不断拓展和深化。传统领域如智能家居、自

动驾驶、机器人和虚拟学习辅助等，已经融入了AI技术，为用户提供了更加便捷、高效的服务。同时，新兴领域如社交媒体、语音识别、图像识别、金融和生物医学诊断等也迅速崛起，成为AI技术新的应用热点。

在医疗领域，人工智能的应用尤为突出。借助深度学习和大数据分析技术，AI能够学习海量的医学数据和案例，协助医生进行快速而准确的诊断。这不仅提高了医疗效率，也大大提升了诊断的精确性，为患者带来了更好的治疗效果。AI还在药物研发、健康管理等方面发挥着重要作用，为医疗行业带来了革命性的变化。

随着人工智能技术的广泛应用和市场的不断扩大，国内AI行业的竞争也日益激烈。众多企业纷纷加大研发投入，并推出了一系列具有创新性和竞争力的AI产品和服务。这些企业不仅在国内市场取得了显著成绩，也在国际市场上崭露头角。

国内AI企业还积极寻求与全球知名企业的合作，共同推动AI技术的发展和应用。通过合作研发、技术交流等方式，国内企业不断提升自身的技术实力和市场竞争力，为行业的持续发展注入了新的活力。

中国在人工智能领域的研发实力正不断增强。政府、企业和科研机构三方共同发力，推动AI技术的不断进步和创新。在智能制造领域，大数据与人工智能的深度融合为制造业带来了深刻的变革。通过实时监测和分析生产过程中的数据，AI系统能够帮助企业实现生产过程的智能化管理、优化调度和质量控制。这不仅提高了生产效率，还降低了生产成本，进而推动了制造业的转型升级。

在语音识别、图像识别、自然语言处理等领域，中国的AI技术也取得了重要突破。这些技术的进步不仅为AI应用提供了更加坚实的基础，也为行业的未来发展开辟了新的道路。

（二）国外AI技术的发展现状

1. 技术实力

在全球人工智能（AI）技术的竞争中，美国、欧盟等国家和地区一直占据着重要的位置，并展现出强大的技术实力。根据斯坦福大学人工智能研究所发布的《人工智能指数报告》，美国无疑是全球顶尖人工智能模型的主要来源地。其知名AI模型的数量不仅远超其他国家，而且涵盖了从基础算法到应用场景的全方位创新。这种技术实力不仅源于美国深厚的技术积累，也得益于其开放包容的创新环境和持续不断的研发投入。

欧盟在AI领域也取得了显著的进展。其成员国在AI技术研究和应用方面均有不俗的表现，尤其是在机器人技术、自动驾驶和医疗健康等领域。同时，欧盟也积极推动 AI 技术的国际合作，与全球范围内的科研机构和企业建立紧密的合作关系，以此共同推动 AI 技术的发展。

2. 研究前沿

当前，人工智能研究的前沿正由产业界主导。这主要体现在产业界在 AI 技术研发和应用方面的快速进展。以 2023 年为例，产业界发布了 51 个知名机器学习模型，这些模型在图像识别、自然语言处理、语音识别等多个领域取得了突破性进展。相比之下，学术界虽然也贡献了 15 个模型，但整体而言，产业界在推动 AI 技术创新方面发挥着更加重要的作用。

这种趋势的出现，一方面是因为产业界具备更加丰富的应用场景和数据资源，能够为 AI 技术的发展提供更加有力的支持；另一方面，也是因为产业界在 AI 技术研发和应用方面具备更加灵活和高效的机制，能够更好地适应市场变化和用户需求。

3. 投资趋势

在投资方面，尽管 2018 年对人工智能的私募投资整体呈现下降趋势，但对生成式人工智能（Generative AI）的投资却呈现出暴增的趋势。这表明投资者对生成式 AI 的发展前景持乐观态度。生成式 AI 通过学习和模拟大量数据，能够生成全新的、具有创新性的内容，为各行各业带来革命性的变化。因此，投资者对生成式 AI 的青睐也体现了对 AI 技术未来发展的信心。

4. 挑战与问题

尽管人工智能技术取得了显著进展，但仍面临一些挑战和问题。其中，对大语言模型（LLM）的责任性评估是一个亟待解决的问题。LLM 在生成文本时可能会产生误导性信息或偏见，因此需要对其输出进行严格的监管和评估。然而，目前对 LLM 的责任性评估严重缺乏健全性与标准化，这增加了其潜在的风险和不确定性。

数据隐私和安全性也是制约 AI 技术发展的重要因素。随着 AI 技术的广泛应用，大量的个人和企业数据被用于训练和优化 AI 模型。然而，这些数据可能会面临泄露和滥用的风险，对用户的隐私和安全造成威胁。因此，如何在保障数据隐私性和安全性的前提下，充分利用数据资源推动 AI 技术的发展，是当前亟待解决的问题之一。

人工智能伦理和道德问题也备受关注。随着 AI 技术的不断发展，其应用场景越来越广泛，但也可能带来一些伦理和道德上的挑战。例如，AI 技术可能会侵犯用户的隐私和权益，或者导致就业市场的变化和社会不公等问题。因此，如何建立健全的人工智能伦理和道德体系，是当前亟待解决的问题之一。

二、AI 技术的发展趋势与未来预测

随着科技的飞速发展，人工智能（AI）技术已经渗透到生活的方方面面，从智能家居到自动驾驶，从医疗诊断到金融服务，AI 的足迹无处不在。然而，这仅仅是 AI 技术发展的开始，未来的发展趋势和前景更是令人期待。

（一）深度学习技术持续进化

深度学习作为人工智能（AI）技术的核心，其发展趋势预示着未来将持续迎来重大的突破和进化。随着计算能力的不断提升，尤其是图形处理器（GPU）和专用 AI 芯片的发展，深度学习模型将能够处理以前无法想象的庞大和复杂的数据集。这种计算能力的提升将极大地加速模型的训练过程，并允许研究人员探索更加复杂的网络结构和算法。

大数据的积累和增长也为深度学习技术提供了丰富的“燃料”。随着数据的不断积累和多样化，深度学习模型能够从中学习到更多的特征和模式，从而进一步提升其准确性和泛化能力。这种数据驱动的学习方法将使得 AI 系统更加智能化，能够更好地适应复杂多变的环境和任务。

神经网络的不断进化也将推动深度学习技术的进一步发展。从最初的卷积神经网络（CNN）到循环神经网络（RNN），再到最近的 Transformer 模型，神经网络的结构和算法不断得到优化和改进。这些新的网络结构能够更好地模拟人类的认知过程，如注意力机制、记忆能力等，从而实现更加智能的决策和预测。

在未来，深度学习技术还将与其他技术相结合，如强化学习、迁移学习等，共同推动 AI 技术的发展。这些技术的结合将使 AI 系统更加灵活和自适应，能够更好地应对各种挑战和变化。

（二）跨领域融合成为新趋势

随着人工智能技术的不断发展和普及，跨领域融合已成为新的发展趋势。AI 技术将不再局限于单一领域的应用，而是将与其他领域进行深度融合，共同推动相关领域的创新和发展。

在医疗健康领域，AI 将与生物医学、基因编辑等技术相结合，共同推动医疗科学的进步。AI 技术可以通过分析大量的医疗数据和病例，帮助医生进行更准确

的诊断和治疗。同时，AI还可以辅助药物研发和临床试验，提高药物的研发效率和安全性。

在交通领域，AI将与物联网、5G等技术相结合，实现智能交通系统的构建。通过实时监测和分析交通流量、路况等信息，AI系统可以优化交通管理、提高道路通行效率，并减少交通事故的发生。AI还可以应用于自动驾驶技术中，实现更加智能和安全的驾驶体验。

除医疗健康和交通领域外，AI技术还将与金融、教育、娱乐等多个领域进行深度融合。这种跨领域的融合将使得AI技术的应用范围更加广泛，同时将推动相关领域的创新和发展。例如，在金融领域，AI可以帮助银行进行风险评估和欺诈监测；在教育领域，AI可以为学生提供个性化的学习体验和辅导；在娱乐领域，AI可以应用于游戏开发和虚拟现实技术等。

跨领域融合将成为未来AI技术发展的重要趋势之一，它将推动AI技术在更多领域的应用和发展，为人类社会的进步和发展注入新的动力。

（三）人工智能伦理和法规体系不断完善

随着AI技术的广泛渗透和应用，人工智能伦理和法规体系的建设越发显得重要。为了确保AI技术的健康发展，并防止潜在的风险和负面影响，各国政府正逐步加强对AI技术的监管和管理。这意味着，未来将看到更加完善和严格的法规体系出台，这些法规将明确AI技术的使用规范、数据隐私保护、算法公平性等方面的要求。

随着AI技术的不断进步，一些新的伦理问题也会不断涌现，如AI决策系统的公正性、AI系统的责任归属性等。为了解决这些问题，学术界和企业界也将加强对AI伦理的研究和探讨。他们将通过深入分析和研究AI技术的潜在风险和挑战，提出相应的伦理准则和解决方案，以确保AI技术的可持续发展，并保护人类社会的利益。

国际组织和非政府组织也将在AI伦理和法规体系的建设中发挥重要作用。他们将推动各国政府和企业加强合作，共同制定全球性的AI伦理准则和法规，以确保AI技术的全球发展和应用符合人类社会的共同利益。

（四）人工智能与人类共生共荣

未来的AI技术将不再是简单的工具或系统，而是将深度融入人类生活的方方面面，成为人类生活的重要组成部分。AI将与人类共同工作、学习和生活，为提供更加便捷、高效和智能的服务。

在工作领域，AI将协助人类处理烦琐、重复性的任务，释放的创造力和想象力，使能够专注于更具挑战性的工作。在教育领域，AI将提供个性化的学习体验和辅导，帮助每个人实现自己的潜能。在娱乐领域，AI将为人类带来更加丰富多彩的虚拟现实和增强现实体验。

AI也将成为人类智慧的延伸和扩展。通过学习和分析大量的数据和信息，AI将能够提供更准确的预测和决策支持，帮助解决更加复杂和困难的问题。例如，在医疗健康领域，AI将协助医生进行更准确的诊断和治疗，提高医疗质量和效率。

在这种共生共荣的关系中，人类将能够更好地利用AI技术的优势，推动社会的进步和发展。同时，也需要保持对AI技术的警惕和审慎，确保AI技术的发展始终符合人类社会的价值观和利益。

（五）人工智能技术的全球竞争与合作

在全球化的背景下，AI技术的竞争与合作已成为常态。各国政府和企业纷纷加大在AI技术领域的投入和研发力度，以争夺在AI技术领域的领先地位。这种竞争不仅体现在技术创新和研发上，还体现在市场应用和产业布局上。

AI技术的全球发展也需要国际合作和交流。各国政府和企业需要加强在AI技术领域的合作与交流，共同推动AI技术的全球发展。这种合作可以包括技术研发、人才培养、市场应用等多个方面。通过加强合作与交流，各国可以共同应对AI技术发展中的挑战和问题，从而推动AI技术的不断创新和进步。

国际合作还可以促进AI技术的全球共享和普惠。通过共同制定全球性的AI伦理准则和法规，各国可以确保AI技术的全球发展和应用符合人类社会的共同利益。这将有助于缩小不同国家和地区在AI技术发展方面的差距，推动全球经济的均衡发展。

AI技术的发展趋势和前景充满了无限可能。未来，随着技术的不断进步和应用领域的不断拓展，AI技术将在全球范围内发挥更加重要的作用，为人类社会的进步和发展做出更大的贡献。

第二章　人工智能在医疗领域的深度融合

第一节　AI 技术在医学诊断中的精准应用

一、医学影像的智能识别与解读

随着人工智能（AI）技术的飞速发展，其在医学诊断中的应用，特别是在医学影像的智能识别与解读方面，已经取得了显著的成果。

（一）技术基础

深度学习在医学影像的智能识别与解读方面占据核心地位。它依赖于一种特殊类型的机器学习，通过构建和训练多层次的神经网络模型，使得AI系统能够学习和识别复杂的图像特征。这些神经网络模型被精心设计和训练，以识别医学影像中各种细微的病变模式，例如肺结节、骨折、血管狭窄等。

在医学影像处理的过程中，深度学习模型首先通过大量的医学影像数据进行训练。这些训练数据通常包括已经被专业医生标记和诊断过的图像，它们为模型提供了丰富的“学习样本”。其次通过不断地迭代和优化，深度学习模型能够逐渐学会从图像中提取关键的信息，如病变的形状、大小、纹理等特征。这些特征在诊断过程中具有重要的参考价值，因为它们能够揭示病变的性质和程度。

除了深度学习，计算机视觉技术也为AI在医学影像分析中的应用提供了强有力的支持。计算机视觉技术涵盖了图像预处理、特征提取、目标检测等多个方面。在医学影像分析中，图像预处理是至关重要的一步，它通过对原始图像进行去噪、增强等操作，提高图像的质量和清晰度。特征提取则是从预处理后的图像中提取出具有代表性的信息，这些信息能够帮助AI系统更好地理解图像内容。目标检测则是计算机视觉技术中的一个重要应用，它能够自动识别和定位图像中的目标物体，如病变区域等。

（二）优势与效益

在医学影像分析中，AI 技术的引入带来了诸多显著的优势和效益，为医疗领域带来了革命性的变革。

AI 技术具有强大的数据处理和分析能力，能够高效地处理和分析海量的医学影像数据。相比人类医生，AI 系统能够更快速、更准确地识别出医学影像中的细微病变，这些病变可能由于各种原因而被人类医生所忽略。通过深度学习算法的训练和优化，AI 系统能够不断学习和改进，提高诊断的准确性，减少漏诊和误诊的情况，为患者提供更加可靠的诊断结果。

AI 系统能够快速地分析医学影像，为医生提供初步的诊断建议。传统的医学影像分析过程往往需要医生花费大量的时间和精力进行仔细的观察和判断，而 AI 系统则能够在短时间内完成这一过程，并给出初步的诊断结果。这不仅大大减轻了医生的工作负担，使他们能够更高效地处理更多的患者，还为患者争取了更多的治疗时间。

基于 AI 系统的分析，医生可以为患者提供更加个性化的治疗方案。通过对大量医学影像数据的分析和学习，AI 系统能够发现不同患者之间的细微差异，并根据这些细微差异为患者提供更加精准的治疗建议。这种个性化的治疗方案能够更好地满足患者的需求，提高治疗效果，提高患者的生活质量。

AI 技术在医学影像分析中还带来了其他方面的效益。例如，AI 系统能够自动完成一些烦琐的影像预处理工作，如去噪、增强等，提高了影像的质量和分析的准确性。AI 技术还可以与其他医疗技术相结合，如基因组学、生物标志物等，为医生提供更加全面的诊断信息，为疾病的预防和治疗提供更加有效的手段。

二、基于 AI 技术的医学诊断应用与风险评估

随着人工智能（AI）技术的飞速发展，其在医疗领域的应用已经取得了显著的进展，特别是在医学诊断与风险评估这一关键领域。AI 技术的引入，不仅极大地提高了医疗诊断的准确性和效率，还为医生提供了前所未有的辅助工具，使得疾病的预防和治疗更加精准和个性化。

（一）AI 技术在疾病诊断中的精准应用

在疾病早期发现方面，AI 技术凭借其强大的数据分析和处理能力，能够快速识别医学影像中的病变区域，为医生提供初步的诊断建议。例如，在肺癌筛查中，

AI系统可以通过深度学习算法对肺部CT图像进行自动分析，检测出微小的肺结节，并判断其恶性程度。这种自动化的诊断方式不仅提高了诊断的准确性，还大大减轻了医生的工作负担，使他们能够更专注于疑难病例的诊断和治疗。

除了医学影像分析，AI技术在基因组学领域的应用也日益增多。通过分析患者的基因组数据，AI系统能够识别出与疾病相关的基因变异，从而预测患者患某种疾病的风险。这种基于基因组的疾病预测方法能够为医生提供更为个性化的预防和治疗建议，从而帮助患者更早地发现疾病并采取相应的措施。

AI技术在疾病早期发现与风险评估方面的应用为医疗领域带来了革命性的变革。通过不断的技术研发和优化，AI将在未来为医疗领域带来更多的创新和突破。

（二）AI技术在疾病风险评估中的应用

以流行病疾控预测为例进行分析。

在流行病防控的严峻挑战面前，AI技术展现出了其独特的优势和潜力。在预测疾病的传播趋势和高风险区域方面，AI技术通过深度分析大数据集和社交媒体数据，为疾控部门提供了前所未有的预测能力和防控策略。

AI技术能够处理海量的数据，包括病例报告、人口流动数据、气候信息等，通过复杂的算法和模型，分析出疾病的传播规律和趋势。这些数据来自多个渠道，包括公共卫生部门、医疗机构、科研机构等，AI系统能够将这些数据进行整合和关联分析，从而得出更加准确的预测结果。

社交媒体数据的挖掘也是AI技术在流行病防控中的重要应用之一。人们在社交媒体上的搜索、留言、讨论等行为往往能够反映出他们对某种疾病的关注程度和认知情况。AI系统可以通过分析这些社交媒体数据，迅速掌握疾病的暴发情况，包括疫情的地域分布、传播速度、病例数量等关键信息。这些信息对于疾控部门来说至关重要，能够帮助他们及时制定和调整防控策略。

例如，在新冠疫情暴发初期，AI系统通过分析社交媒体上的搜索和讨论数据，成功预测了疫情的传播趋势和高风险区域。这为疾控部门提供了及时的预警信息，使他们能够迅速采取隔离、检测、治疗等措施，有效遏制了疫情的传播。

除预测疾病的传播趋势和高风险区域外，AI技术还可以帮助疾控部门制定更加精准的防控策略。通过分析不同区域、不同人群的疾病风险，AI系统可以为疾控部门提供个性化的防控建议，如加大某些地区的检测力度、提高某些人群的疫苗接种率等。这些个性化的防控策略能够更好地满足不同区域和人群的需求，提高防控效果。

AI技术还可以对流行病的发展趋势进行实时监测和评估。一旦疫情发生变化，AI系统能够迅速更新预测模型，为疾控部门提供最新的防控策略。这种实时更新的能力使得AI技术在流行病防控中具有重要的应用价值。

AI技术在流行病防控中也面临一些挑战和限制。首先，数据的准确性和可靠性对于预测结果的准确性至关重要。因此，需要确保数据的来源可靠、质量高。其次，AI系统的预测结果需要与人类专家的判断相结合，以避免出现误判或漏判的情况。最后，AI技术的隐私和安全问题也需要得到重视和解决，以确保患者和公众的隐私得到保护。

AI技术在流行病防控中的应用为疾控部门提供了强大的预测和防控能力。通过深度分析大数据集和社交媒体数据，AI系统能够预测疾病的传播趋势和高风险区域，为疾控部门提供及时的预警信息和个性化的防控策略。随着技术的不断进步和完善，AI技术将在未来为流行病防控带来更多的创新和突破。在流行病防控的严峻挑战面前，AI技术展现出了其独特的优势和潜力。在预测疾病的传播趋势和高风险区域方面，AI技术通过深度分析大数据集和社交媒体数据，为疾控部门提供了前所未有的预测能力和防控策略。

（三）AI技术在疾病发现中的优势与挑战

1. 优势

AI技术在疾病早期发现与风险评估中的应用展现出了一系列显著的优势，这些优势不仅提高了医疗服务的水平，也为患者带来了更为精准和个性化的关怀。

AI技术通过深度学习和算法优化，显著提高了疾病诊断的准确性和效率。传统的诊断方法往往依赖于医生的经验和主观判断，而AI系统能够处理海量的医疗数据，并能够从中发现细微的病变特征，为医生提供更为客观和准确的诊断结果。这不仅提高了诊断的准确性，还大大缩短了诊断时间，使患者能够更早地得到治疗。

AI技术能够为患者提供个性化的预防和治疗建议。通过分析患者的基因组数据、生活习惯、环境因素等信息，AI系统能够构建出个性化的风险评估模型，预测患者患某种疾病的风险。基于这些预测结果，AI系统可以为患者提供个性化的预防建议，如调整生活习惯、接种疫苗等，从而降低患病风险。同时，在疾病治疗过程中，AI系统还可以根据患者的具体情况，为医生提供个性化的治疗建议，如选择最适合患者的药物剂量、治疗方案等，使治疗更加精准和有效。

AI技术能够辅助医生制定更为精准的治疗方案。在疾病治疗过程中，医生需要综合考虑患者的多种因素，如病情严重程度、身体状况、经济条件等，以制定合适的治疗方案。然而，这些因素的复杂性和多样性往往使得医生难以做出最为精准的判断。AI 系统可以通过深度学习和数据分析，为医生提供更为全面和准确的患者信息，帮助医生更好地了解患者的整体情况，从而制定出更为精准的治疗方案。

AI 技术能够预测疾病的传播趋势，为疾控部门提供及时预警。在流行病防控方面，AI 系统能够分析大数据集和社交媒体数据，预测疾病的传播趋势和高风险区域。通过及时的预警信息，疾控部门能够迅速采取防控措施，如加强监测、提高疫苗接种率等，有效遏制疫情的传播。这种基于 AI 技术的预测和预警能力为疾控部门提供了重要的支持，有助于降低疫情对社会和经济的冲击。

2. 挑战

尽管 AI 技术在医学诊断中展现出了巨大的潜力和优势，但在实际应用过程中，必须正视并应对一些重要的挑战。

（1）数据隐私和安全问题

在医学诊断中，AI 系统往往需要处理和分析大量的患者数据，包括敏感的基因组数据和其他个人信息。这些数据的安全性和隐私性对于患者来说至关重要。任何数据泄露或滥用都可能对患者造成严重的伤害。因此，需要采取一系列严格的数据保护措施，如加密存储、访问控制、匿名化处理等，以确保患者的数据安全。同时，还需要制定相关法律法规，明确数据使用的边界和责任，为 AI 技术在医学诊断中的应用提供坚实的法律保障。

（2）伦理问题

AI 技术在医学诊断中的应用涉及患者的隐私权和自主权等伦理问题。如何平衡 AI 技术的应用与患者的隐私权和自主权是一个需要认真思考和探讨的问题。需要在确保患者权益的前提下，推动 AI 技术在医学诊断中的合理应用。例如，可以在患者知情并同意的情况下收集和使用其数据，同时确保 AI 系统的决策过程透明可解释，以便患者能够理解和接受诊断结果。还需要关注 AI 技术可能带来的偏见和歧视问题，避免其对特定患者群体造成不公平的影响。

（3）技术成熟度问题

尽管 AI 技术在某些医学诊断领域已经取得了显著的成果，但在某些方面的应用仍需要进一步的研发和优化。例如，AI 系统在处理复杂疾病和罕见病时可能面临更大的挑战，需要更加先进和复杂的算法和模型。AI 系统的可解释性和可靠性也是目前亟待解决的问题。需要不断改进和优化 AI 技术，提高其在实际应用中的性能和稳定性，以更好地服务于医学诊断和患者健康。

第二节　人工智能助力药物研发革新

一、高通量筛选与新药发现

人工智能在药物研发中的应用已经引起了业界的广泛关注，尤其是在高通量筛选与新药发现方面，人工智能在高通量筛选与新药发现中发挥着至关重要的作用。它不仅提高了筛选的效率和准确度，还优化了筛选参数，并在新药发现过程中提供了宝贵的辅助和支持。随着技术的不断发展，人工智能有望在药物研发领域创造更多的价值。

（一）高通量筛选

在药物研发的过程中，高通量筛选（High-Throughput Screening，HTS）是一个至关重要的环节，它涉及对大量化合物进行快速筛选，以寻找对特定疾病靶点具有活性的候选药物。使用传统的高通量筛选方法通常需要耗费大量时间和资源，包括人力、物力和财力。这不仅增加了研发成本，还可能导致研发周期延长，从而影响了药物研发的效率和竞争力。

通过利用机器学习和深度学习技术，人工智能系统可以快速分析海量的化合物数据，并自动筛选出对特定疾病靶点具有活性的候选药物。这些系统可以学习并识别出化合物与疾病靶点之间的相互作用模式，从而准确预测化合物的生物活性。与传统的实验方法相比，这种方法不仅大大加快了筛选速度，还提高了筛选的准确性和可靠性。

人工智能技术还能够模拟药物分子在人体内的互动过程，进一步提高了筛选的准确度。通过深度学习模型，AI系统可以预测药物分子与靶标蛋白之间的相互作用方式，从而更准确地评估药物分子的活性和潜在的药效。这种模拟能力使得研究人员能够在早期阶段就筛选出具有潜力的候选药物，也减少了后续实验验证的工作量。

人工智能技术还能够帮助优化高通量筛选过程的一些关键参数。例如，通过机器学习算法，AI系统可以自动调整筛选条件、分子大小和药效等参数，以优化筛选结果的质量。这种优化能力使高通量筛选过程更加智能化和自动化，提高了筛选的效率和准确性。

人工智能技术在高通量筛选中的应用为药物研发带来了革命性的变革。它不仅可以提高筛选的效率和准确性，还可以降低研发成本和时间成本，为药物研发领域带来更大的经济效益和社会效益。

（二）辅助药物发现

在药物研发的早期阶段，辅助药物发现是一个至关重要的环节。传统上，这个过程依赖于研究人员对大量化合物进行逐一筛选和测试，但这种方法既耗时又费力。幸运的是，人工智能技术的出现为这一过程带来了革命性的变化。

人工智能系统具有强大的数据处理和分析能力，可以轻松地处理大规模的生物医学数据、化学信息和药物数据库。通过深度学习和机器学习算法，这些系统能够挖掘出药物分子结构与活性之间的复杂关联，并预测分子的生物活性和药效。这种预测能力使得研究人员能够迅速识别出具有潜力的候选药物，从而加速药物发现的进程。

不仅如此，人工智能系统还能够根据已有的药物作用机制和疾病机制，预测新药物的作用方式和潜在疗效。这种预测能力为研究人员提供了宝贵的指导，帮助他们更好地设计和优化药物，进而提高新药研发的成功率。

（三）虚拟筛选与评估

在传统的药物研发过程中，研究人员通常需要在实验室中对候选药物进行大量的实验验证。这种方法不仅耗时费力，而且成本高昂。为了解决这些问题，人工智能技术引入了虚拟筛选与评估的概念。

利用 AI 技术，研究人员可以在虚拟环境中对新药进行建模和测试。通过数字建模和模拟，研究人员可以模拟药物分子在人体内的行为，预测其与靶标蛋白的相互作用方式，并评估其潜在的药效和副作用。这种虚拟筛选与评估的方法使得研究人员能够在临床试验之前更好地了解新药的行为和可能的并发症，从而降低药物研发的风险和成本。

虚拟筛选与评估还可以帮助研究人员快速筛选出具有潜力的候选药物，并为后续的试验验证提供指导。这种方法不仅提高了药物研发的效率和成功率，还为企业节省了大量资源，使得新药研发更加经济高效。

（四）降低研发成本

在药物研发领域，成本是一个不可忽视的因素。传统的药物研发过程需要大量的实验验证和临床试验，这些都需要投入大量的人力、物力和财力。然而，人工智能技术的应用使得药物研发过程更加高效和精准，从而降低了研发成本。

人工智能系统能够自动筛选和预测具有潜力的候选药物，减少了实验验证的次数和范围。这意味着研究人员可以在更短的时间内筛选出具有潜力的候选药物，并集中资源进行后续的实验验证。

虚拟筛选与评估的方法使得研究人员可以在临床试验之前更好地了解新药的行为和可能的并发症，降低了临床试验的风险和成本。这种方法不仅可以减少临床试验的次数和规模，还可以提高临床试验的成功率，从而进一步降低研发成本。

人工智能技术的应用还可以帮助企业优化研发流程和管理模式，提高研发效率和质量。通过智能化和自动化的研发过程，企业可以更加高效地利用资源，降低研发成本，提高市场竞争力。

二、临床试验设计与数据分析优化

在药物研发的过程中，临床试验设计与数据分析是两个至关重要的环节。随着人工智能技术的不断发展，其在临床试验设计与数据分析中的应用也越来越广泛，为药物研发带来了革命性的变化。

（一）临床试验设计优化

在药物研发的过程中，临床试验设计直接关系到药物研发的成功与否。然而，由于临床试验涉及的因素众多，如药物分子特性、目标疾病的复杂性、患者群体的多样性等，使得试验设计变得异常复杂和困难。幸运的是，人工智能（AI）技术的出现为临床试验设计带来了革命性的优化。

预测临床试验成功率是AI技术在临床试验设计中的一个重要应用。通过深度学习、机器学习等算法，AI技术能够分析药物分子、目标疾病和患者资格标准等多个维度的数据，从而预测特定的试验设计是否可能成功。例如，利用HINT（层次化交互网络）算法，研究人员可以在实际开展试验之前，对试验设计的成功率进行初步评估。

这种预测能力为研究人员提供了宝贵的指导。通过AI技术的预测，研究人员可以在早期阶段就识别出可能导致试验失败的因素，如药物分子与目标疾病之间的不匹配、患者群体的选择不当等。基于这些预测结果，研究人员可以针对性地优化试验设计，调整药物剂量、给药方式、患者入选标准等，从而提高整个研究项目的效率和成功率。

1．临床试验设计优化方式

（1）药物分子与目标疾病的匹配性分析

AI 技术可以分析药物分子的结构、功能和作用机制，以及目标疾病的发病机理、病理生理过程等信息，从而评估药物分子与目标疾病之间的匹配性。通过这种分析，研究人员可以选择更适合的药物分子进行临床试验，提高试验的针对性和成功率。

（2）患者群体的选择与分层

AI 技术可以分析患者群体的特征，如年龄、性别、疾病严重程度、并发症等，从而预测不同患者群体对药物的反应和疗效。基于这些预测结果，研究人员可以选择更合适的患者群体进行临床试验，并根据患者特征进行分层，以更准确地评估药物的疗效和安全性。

（3）试验设计的灵活调整

AI 技术可以根据实时数据和分析结果，对试验设计进行灵活调整。例如，在试验过程中发现某种给药方式效果不佳时，AI 技术可以自动调整给药方式或剂量，以优化试验效果。这种灵活调整的能力使得临床试验更加高效和准确。

2．样本量确定与对照组选择

在临床试验设计中，样本量的确定和对照组的选择是两个至关重要的环节。它们直接关系到试验结果的可靠性和研究的效率。然而，这两个问题往往涉及复杂的统计分析和对疾病发展规律的深入理解，使得研究人员在决策时面临诸多挑战。幸运的是，人工智能（AI）技术的出现为这些问题提供了新的解决方案。

3．样本量确定

传统的临床试验设计在确定样本量时，通常需要考虑试验的目的、主要指标、变异程度以及预期的效应大小等因素。这需要研究人员具备深厚的统计学知识和丰富的临床经验。然而，即使在这样的背景下，样本量的确定仍然是一个复杂而困难的问题。

AI 技术为样本量的确定带来了新的思路。通过对历史病例数据的学习和分析，AI 可以预测疾病的发展趋势和疾病的自然病程。基于这些预测结果，AI 可以评估不同样本量下试验结果的稳定性和可靠性，并据此确定合适的样本量。这种方法不仅减少了人为因素的干扰，还提高了样本量确定的准确性和效率。

AI 技术还可以根据试验目的和预期效应大小，自动调整样本量的计算方法。例如，在探索性试验中，AI 可以根据疾病的复杂性和不确定性，推荐较大的样本量以确保结果的可靠性。而在验证性试验中，AI 则可以根据前期研究的结果和效应大小，推荐较小的样本量以节省资源。

4. 对照组选择

在临床试验中，对照组的选择对于评估药物的疗效和安全性至关重要。一个合适的对照组可以确保试验结果的准确性和可靠性，避免由于对照组选择不当而导致的偏倚和误差。

AI 技术在对照组选择方面同样具有优势。通过模拟不同的对照组设计，AI 可以评估不同对照组对试验结果的影响，并据此推荐最适合的对照组。例如，AI 可以分析不同对照组患者的特征、疾病严重程度、并发症等因素，并预测这些因素对药物疗效和安全性的影响。基于这些预测结果，AI 可以帮助研究人员选择具有相似特征和病情的患者作为对照组，从而确保试验结果的准确性和可靠性。

AI 技术还可以根据试验目的和药物作用机制，推荐最适合的对照组类型。例如，在某些情况下，安慰剂对照组可能更合适；而在其他情况下，活性药物对照组可能更能准确评估药物的疗效和安全性。AI 可以根据具体情况提供个性化的建议，帮助研究人员做出更明智的决策。

AI 技术在样本量确定和对照组选择方面的应用为临床试验设计带来了革命性的优化。通过对历史病例数据的学习和分析，AI 可以预测疾病的发展趋势和评估不同设计对试验结果的影响，从而为研究人员提供更准确、更可靠的决策支持。这将有助于提高临床试验的效率和成功率，推动药物研发领域的不断进步。

5. 随机化应用

在临床试验中，随机化是一个至关重要的步骤，它确保了试验结果的公正性和无偏性。通过随机化，能够有效地减少混杂因素（可能影响试验结果但与试验处理无关的因素）的干扰，使得药物或治疗方法的效果能够被更准确地评估。

随机化的过程并非简单地将参与者随机分配到不同的组别中。它涉及复杂的算法和策略，以确保分组结果能够符合试验设计的预期。在这个过程中，AI 技术的应用为随机化带来了许多创新和改进。

AI 技术可以通过优化随机化算法，确保分组时的无偏性和公正性。传统的随机化方法可能存在一定的局限性，例如在某些情况下可能无法完全消除混杂因素的影响。而 AI 技术则能够利用大数据和机器学习算法，对参与者的特征、历史数据等进行深入分析，并据此制定更精细的随机化策略。

AI 技术可以根据参与者的年龄、性别、疾病严重程度、并发症等因素，制定分层随机化策略。这种策略可以将具有相似特征的参与者分配到同一层内，然后再在层内进行随机分组。通过这种方式，AI 技术可以确保不同组别之间的参与者具有相似的基线特征，从而减少了混杂因素对试验结果的影响。

AI 技术还可以应用动态随机化策略。这种策略允许在试验过程中根据实时数据和分析结果，对随机化算法进行动态调整。例如，在发现某一组别的疗效明显优于另一组别时，AI 技术可以自动调整随机化算法，增加疗效较好组别的样本量，以更准确地评估其疗效。这种动态随机化策略能够提高试验的灵活性和适应性，以确保试验结果的准确性和可靠性。

AI 技术在随机化应用方面的创新和改进为临床试验设计带来了许多优势。通过优化随机化算法和制定更精细的随机化策略，AI 技术可以确保分组时的无偏性和公正性，减少混杂因素对试验结果的影响。这将有助于提高临床试验的效率和准确性，从而推动药物研发领域的不断进步。

（二）数据分析优化

在药物研发的临床试验中，数据分析是不可或缺的一环，它直接关系到试验结果的解释和药物研发的方向。随着人工智能（AI）技术的飞速发展，数据分析的准确性和效率得到了显著提高。

1．数据收集与录入

在临床试验中，数据的准确性和完整性是至关重要的。然而，传统的手动数据收集与录入方式往往存在诸多问题，如数据录入错误、数据遗漏以及数据格式不一致等。这些问题不仅会影响数据分析的准确性，还会浪费大量的时间和人力资源。

为了解决这些问题，AI 技术通过以下方式优化了数据收集与录入的过程。

（1）数据采集工具设计与培训

AI 技术可以辅助研究人员设计和优化数据采集工具，确保工具能够准确、全面地收集试验所需的各种数据。例如，通过机器学习算法，AI 可以分析不同数据源的特点，选择最合适的数据采集方式。

AI 还可以为数据采集人员提供培训支持，帮助他们更好地理解和使用数据采集工具，确保数据收集过程的准确性和一致性。

（2）自动化数据录入系统

AI 技术通过开发自动化的数据录入系统，实现了试验数据的快速、准确录入。这些系统可以自动识别和解析各种数据格式，如纸质文档、电子表格、数据库等，将数据转化为统一的格式并录入到试验数据系统中。

自动化数据录入系统不仅可以大大减少人工录入的工作量，还可以显著降低人为错误的发生率，从而提高数据录入的准确性和效率。

（3）数据校验与清洗

在数据录入过程中，AI技术还可以对数据进行实时的校验和清洗。通过设定一系列的数据校验规则，AI可以自动检测并纠正数据中的错误和异常值，以确保数据的准确性和可靠性。

AI还可以根据数据的特征和规律，自动识别和去除重复数据、无关数据以及噪声数据等，进一步提高数据的质量。

AI技术在数据收集与录入方面的应用为药物研发的临床试验带来了显著的优化。通过加强数据采集工具的设计和培训、实现数据录入的自动化以及进行实时数据校验与清洗等措施，AI技术确保了试验数据的准确性和完整性，为后续的数据分析提供了可靠的基础。这将有助于提高临床试验的效率和准确性，推动药物研发领域的不断进步。

2. 数据清洗与处理

在临床试验的数据分析过程中，数据清洗与处理是至关重要的一步。这一步骤直接影响后续数据分析的准确性和可靠性。随着人工智能（AI）技术的快速发展，数据清洗与处理变得更加高效和精确。

（1）自动清洗与去噪

在临床试验中，由于各种原因，收集到的数据可能包含异常值、缺失值、重复数据等噪声信息。这些噪声信息如果不加以处理，会严重影响数据分析的结果。AI技术可以通过先进的算法，自动识别和去除这些噪声信息，提高数据质量。例如，AI可以利用统计学方法检测并去除异常值，利用聚类算法识别并合并重复数据，确保数据的准确性和一致性。

（2）自动分类与整理

临床试验数据种类繁多，包括病历、实验室检查结果、患者信息等多种类型。这些数据通常以不同的格式和结构存在，给数据分析带来了一定的挑战。AI技术通过深度学习和模式识别技术，可以自动识别和分类这些不同类型的临床数据。AI可以学习并理解各种数据之间的关联和规律，将它们整理成统一的格式和结构，方便后续的数据分析和挖掘。

（3）智能处理与填充

在数据清洗过程中，处理缺失值是一个重要的任务。缺失值可能导致数据分析的结果产生偏差。AI技术可以利用机器学习算法，智能地预测和填充缺失值。例如，AI可以根据其他相关数据的特征和规律，预测缺失值的可能值，并将其填充到相应的位置。这样可以最大限度地保留数据的完整性，并提高数据分析的准确性。

（4）数据标准化与归一化

不同的临床试验数据可能存在不同的单位和量纲，这会给数据分析带来困难。AI 技术可以通过数据标准化和归一化技术，将这些数据转换为统一的标准形式，消除单位和量纲的差异。这样可以方便后续的数据分析和比较，提高数据分析的准确性和可靠性。

AI 技术在数据清洗与处理方面的应用为临床试验数据分析带来了革命性的变化。通过自动清洗与去噪、自动分类与整理、智能处理与填充以及数据标准化与归一化等技术手段，AI 可以显著提高数据质量，为后续的数据分析提供可靠的基础。这将有助于提高临床试验的效率和准确性，推动药物研发领域的不断进步。

3. 统计分析

在临床试验中，统计分析扮演着至关重要的角色，它能够帮助研究人员深入理解试验数据，揭示其中的潜在规律和关联性，并为药物研发和决策提供科学依据。随着人工智能（AI）技术的飞速发展，统计分析在临床试验中的应用也迎来了新的变革。

（1）数据深度挖掘与模式识别

AI 技术中的机器学习算法具有强大的数据处理和分析能力，可以对临床试验数据进行深入的挖掘和分析。这些算法能够识别数据中的复杂模式和关联性，发现隐藏在大量数据背后的有价值信息。通过 AI 的助力，研究人员可以更加全面地了解试验数据的特点和规律，为后续的决策提供更加准确和可靠的依据。

（2）统计方法与模型的智能选择

在临床试验中，选择合适的统计方法和模型对于数据分析的准确性和可靠性至关重要。传统的统计方法选择往往依赖于研究人员的经验和知识，存在一定的主观性和局限性。AI 技术可以通过学习大量的临床试验数据和统计分析经验，自动选择合适的统计方法和模型。它能够根据试验的目的、数据类型、样本量等因素，智能地推荐最适合的统计方法和模型，提高数据分析的准确性和效率。

（3）全面准确地分析结果

AI 技术在统计分析中的应用不仅可以提高数据分析的准确性和效率，还可以提供更加全面和准确的分析结果。通过深度挖掘和模式识别技术，AI 可以发现数据中的潜在规律和关联性，揭示药物对疾病的治疗效果、安全性等方面的信息。同时，AI 还可以根据试验目的和需求，自动选择合适的统计方法和模型，对数据进行全面的分析和解释。这些分析结果可以为药物研发提供有力的支持，帮助研究人员更加准确地评估药物的疗效和安全性，也为药物的上市和推广提供科学依据。

4. 实时监测与反馈

在临床试验的复杂过程中，确保数据的准确性和研究的顺利进行至关重要。AI 技术的引入为这一过程带来了革命性的变化，特别是其强大的实时监测与反馈能力。

（1）实时监测与异常监测

AI 系统能够实时地监测和分析临床试验数据，包括患者的生命体征、治疗效果、药物反应等。通过先进的算法和模型，AI 可以迅速发现数据中的异常值和不良事件，如患者病情的突然恶化、药物引起的严重副作用等。一旦发现这些异常情况，AI 系统会立即触发报警机制，确保研究人员和医疗团队能够迅速采取行动，保障患者的安全。

（2）实时反馈与建议

除实时监测和异常监测外，AI 还能够根据实时数据为研究人员提供反馈和建议。通过对数据的深入分析，AI 可以发现数据中的潜在规律和关联性，为研究人员提供有价值的洞见。例如，AI 可以根据患者的治疗效果和药物反应，预测未来的治疗趋势，为研究人员提供调整试验方案和改进研究方法的建议。这些反馈和建议可以帮助研究人员更加准确地评估药物的疗效和安全性，优化试验设计，提高研究的质量和效率。

（3）优化决策支持

AI 在实时监测与反馈中的应用还体现在优化决策支持方面。研究人员可以根据 AI 提供的实时数据和反馈，快速作出决策，如调整药物剂量、更改治疗方案等。这种实时的决策支持可以帮助研究人员更加灵活地应对各种复杂情况，确保试验的顺利进行。

人工智能技术在临床试验设计与数据分析中的应用，为药物研发带来了诸多优势。通过优化试验设计、提高数据分析的准确性和效率，AI 技术有助于缩短药物研发周期、降低研发成本，并推动药物研发领域的不断发展。AI 还可以帮助研究人员优化试验方案和改进研究方法，提高研究的质量和效率。这些优势将有助于推动药物研发领域的进步，为人类的健康事业做出更大的贡献。

第三节　人工智能在医疗管理中的创新应用

一、患者数据与医疗资源的智能管理

人工智能在医疗管理中的应用正在逐步深入和拓展，其通过智能采集和分析患者数据、辅助诊断与治疗决策、优化医疗资源分配和提供远程监护服务等方式，为医疗领域带来了革命性的变革。未来，随着技术的不断进步和应用场景的不断拓展，AI 在医疗管理中的作用将会更加重要和广泛。

（一）患者数据的智能采集与分析

在医疗管理的众多环节中，患者数据的采集与分析是至关重要的一环。随着人工智能（AI）技术的快速发展，这一环节正经历着前所未有的变革。AI 技术通过先进的智能设备和传感器，能够实时、准确地采集患者的生理数据、生活习惯等信息，从而为医疗管理提供有力的数据支持。

AI 技术利用智能设备和传感器，实现了对患者数据的实时采集。这些设备能够不间断地监测患者的生命体征，如心率、血压、血糖水平等，以及患者的日常活动、饮食、睡眠等生活习惯。通过将这些设备与患者的智能手机或可穿戴设备相连接，AI 可以轻松地获取患者的实时数据，确保数据的准确性和实时性。

通过对患者数据的深度挖掘，AI 能够提供个性化的健康建议和预防措施。AI 可以学习并理解患者的个人特征、生活习惯和健康状况，从而为他们提供定制化的健康建议。例如，AI 可以根据患者的血糖水平、饮食习惯和运动习惯等信息，为他们制订个性化的饮食和运动计划，帮助他们更好地管理自己的糖尿病。AI 还可以根据患者的病历和诊断信息，为他们提供针对性的预防措施，如定期体检、疫苗接种等，从而帮助他们降低患病风险。

患者数据的智能采集与分析是医疗管理中的重要环节。AI 技术通过实时采集、自动清洗和分析患者数据，能够提供个性化的健康建议和预防措施，帮助患者更好地管理自己的健康。这一创新应用不仅提高了医疗管理的效率和质量，也为患者带来了更加便捷、个性化的医疗服务体验。

（二）智能辅助诊断与治疗决策

在医疗领域，诊断与治疗决策是医生日常工作中最为核心和关键的环节。随着人工智能（AI）技术的飞速发展，智能辅助诊断与治疗决策正逐渐成为现实，为医生提供了强大的支持。

AI通过深度学习技术，能够学习并理解大量的医学知识和病例数据。这些数据包括各种疾病的临床表现、病理特征、治疗方案等。AI可以从中提取出有用的信息，构建出复杂的疾病模型和预测模型。当医生面对一个具体的病例时，AI可以迅速分析患者的病历、症状、体征等信息，并结合自己的医学知识和模型，给出辅助性的诊断建议。

以医学影像领域为例，AI的应用尤为突出。传统的医学影像分析主要依赖于医生的经验和技能，但AI可以通过学习大量的影像数据，自动分析X光片、CT扫描、MRI等图像，快速识别出异常区域和病变特征。AI不仅可以提高诊断的准确性和效率，还可以减少医生的工作负担，让他们有更多的时间和精力去关注患者的整体情况和治疗方案。

在治疗决策方面，AI同样发挥着重要的作用。AI可以根据患者的病历、症状、体征等信息，并结合自身的医学知识和模型，推荐出最佳的治疗方案。这些治疗方案可以是药物治疗、手术治疗、物理治疗等，也可以是多种治疗方式的组合。AI不仅可以为医生提供治疗方案的选择建议，还可以在治疗过程中进行实时监测和调整。通过收集患者的实时数据，AI可以评估治疗的效果和患者的反应，为医生提供及时的反馈和建议，帮助他们优化治疗方案，从而提高治疗效果。

AI可以帮助医生进行风险评估和预测。通过对患者的病历、症状、体征等信息进行深度挖掘和分析，AI可以预测患者未来患病的风险和可能出现的不良反应。这些预测结果可以为医生提供更加全面和准确的信息支持，帮助他们做出更加明智和科学的决策。

（三）医疗资源优化与分配

在医疗领域，资源的优化与分配是一项至关重要的任务。随着人口增长和医疗需求的不断增加，如何高效、合理地调配医疗资源，确保患者能够及时获得所需的医疗服务，成了医疗机构面临的重要挑战。在这一方面，人工智能（AI）技术的应用为医疗资源优化与分配提供了新的解决方案。

基于大数据分析，AI可以深度挖掘和分析医疗机构的运营数据，包括患者就诊量、疾病类型、治疗需求等。通过对这些数据的分析，AI可以准确地评估出医疗机构在各个环节的资源需求情况，从而为资源的优化与分配提供科学依据。

AI可以帮助医院和医疗机构更加科学、合理地调配病床资源。通过分析患者的就诊量、病情严重程度、治疗周期等信息，AI可以预测出未来一段时间内病床的需求量，并据此进行病床的调配。这样不仅可以确保患者及时获得床位，还可以避免病床资源的浪费，提高病床的周转率和使用效率。

AI在医生、护士等人力资源的调配上也发挥着重要作用。通过分析医生的专业背景、技能水平、工作经验等信息，AI可以评估出医生在不同科室和岗位上的适应能力。同时，AI还可以根据患者的病情和治疗需求，为医生分配合适的病例，确保患者能够得到最专业的治疗。对于护士资源的调配，AI同样可以根据患者的护理需求和护士的专长进行分配，提高护理服务的质量和效率。

AI还可以通过预测分析提前识别出某些地区或群体的疾病风险。通过分析历史数据和实时数据，AI可以预测出未来一段时间内某个地区或群体可能面临的疾病威胁，并据此进行医疗资源的提前调配和准备。这样不仅可以确保在疾病暴发时及时应对，还可以提高医疗资源的利用效率，降低医疗成本。

除了以上方面，AI还可以优化医院的运营流程，如患者预约、排班管理等。通过智能化预约系统，AI可以根据医生的排班和患者的就诊需求进行自动匹配，减少患者的等待时间和医生的空闲时间。同时，AI还可以根据医院的运营情况动态调整排班计划，确保医生、护士等人力资源的充分利用。

AI在医疗资源优化与分配方面发挥着重要作用。通过大数据分析、预测分析等技术手段，AI可以帮助医院和医疗机构更加科学、合理地调配医疗资源，提高医疗服务的效率和质量，为患者提供更加优质的医疗服务。随着技术的不断进步和应用场景的不断拓展，AI在医疗资源优化与分配方面的作用将会更加重要和广泛。

（四）患者风险评估与预警

在医疗领域，患者风险评估与预警是一项至关重要的任务。随着人工智能（AI）技术的飞速发展，这一领域迎来了革命性的变革。AI技术能够通过挖掘和分析患者的多维度数据，实现对高危人群的精准识别，进而提前预防或干预疾病的发生和发展。

AI技术能够处理和分析海量的患者数据，包括病历记录、诊断结果、实验室检查结果、影像学检查、基因数据等。这些数据为AI模型提供了丰富的信息源，使其能够全面了解患者的健康状况和疾病风险。

AI 技术采用先进的算法和模型，对患者数据进行深度学习和模式识别。通过对历史数据和病例的学习，AI 能够识别出与特定疾病风险相关的关键特征和模式。这些关键特征和模式可能包括特定的生理指标异常、遗传标记、生活习惯等。

在心脑血管疾病、糖尿病等领域，AI 技术的应用尤为突出。它可以根据患者的个人信息、家族病史、生活习惯等因素，结合医疗数据，预测患者未来患病的风险。这种预测能力使医生能够提前识别出高危人群，并为他们制定个性化的健康管理方案。

个性化的健康管理方案可以包括饮食调整、运动计划、药物治疗建议等。通过精准地针对患者的具体情况制定方案，AI 技术能够帮助患者降低患病风险，提高生活质量。

AI 技术还能够实时监测患者的健康状况，并在发现异常情况或风险增加时自动触发预警机制。这种预警机制可以通过短信、电话、电子邮件等方式及时通知医生或患者家属，以确保患者能够迅速获得必要的医疗干预。

AI 技术在患者风险评估与预警领域的应用为医疗领域带来了前所未有的机遇。通过精准识别高危人群和制定个性化的健康管理方案，AI 技术有望降低疾病发病率，提高患者的生存质量。同时，这也对医疗行业提出了更高的要求，需要不断推动技术创新和人才培养，以更好地应对未来医疗领域的挑战。

AI 技术在患者风险评估与预警领域的应用为医疗领域带来了前所未有的机遇。它不仅能够提高风险评估的准确性和效率，还能够为患者提供更加精准、个性化的健康管理方案。随着技术的不断进步和应用场景的不断拓展，AI 技术将在医疗领域发挥越来越重要的作用，引领医疗新时代的发展。

二、远程医疗与智能健康监测系统的构建

远程医疗与智能健康监测系统的构建需要综合考虑技术、政策、市场等多方面的因素，其构建是一个综合性工程，涉及多个关键组件和技术支持。通过不断地技术创新和政策支持，这些系统将为人们提供更加便捷、高效、精准的医疗服务。

（一）远程医疗系统的构建

1. 基础设施搭建

在远程医疗与智能健康监测系统的构建中，基础设施搭建是至关重要的一

步，它直接决定了系统运行的稳定性和效率。以下是关于基础设施搭建的详细扩写。

（1）网络基础设施

网络基础设施是远程医疗与智能健康监测系统的基础，它负责医疗数据、语音、视频等信息的传输。为了确保信息的高效传输，需要建立一个稳定、高速、安全的网络。这个网络需要具备高带宽、低延迟的特性，以支持高清视频通话、大数据传输等应用。同时，网络的安全性也至关重要，需要采用多种安全技术手段，如数据加密、防火墙、入侵检测等，确保医疗数据的安全性和隐私性。

在建立网络基础设施时，还需要考虑网络的可扩展性和可靠性。随着远程医疗和智能健康监测服务的不断发展，网络需求可能会不断增加。因此，网络基础设施需要具备良好的可扩展性，能够支持更多的用户和更广泛的应用。同时，网络也需要具备较高可靠性，能够应对各种突发情况，确保服务的连续性和稳定性。

（2）远程医疗平台

远程医疗平台是远程医疗服务的核心，它提供了在线问诊、预约看病、医疗服务评价等多种功能。在开发远程医疗平台时，需要注重用户体验和功能的完善性。平台界面应该简洁明了、易于操作，同时提供多种交互方式，如文字、语音、视频等，以满足不同用户的需求。

除基本的功能外，远程医疗平台还需要具备一些高级功能，如智能分诊、在线支付、药品配送等。智能分诊功能可以根据用户的病情和需求，自动匹配最适合的医生进行咨询。在线支付和药品配送功能则可以提高医疗服务的便捷性和效率。

在开发远程医疗平台时，还需要考虑系统的稳定性和安全性。平台需要采用先进的技术手段，如负载均衡、容灾备份等，确保系统的稳定性和可靠性。同时，平台也需要采用严格的安全措施，如数据加密、访问控制等，确保用户数据的安全性和隐私性。

（3）移动设备与终端

移动设备与终端是远程医疗和智能健康监测服务的重要载体，它们需要具备自然交互、传输和处理图像、视频等多种媒体信息的能力。随着移动设备的普及和智能化程度的提高，移动设备在远程医疗和智能健康监测服务中的作用越来越重要。

在选择移动设备与终端时，需要考虑其性能、兼容性和用户体验。设备需要具备足够的计算能力和存储能力，以支持高清视频通话、大数据传输等应用。同时，设备还需要具备良好的兼容性，能够支持不同的操作系统和应用软件。在用户体验方面，设备需要简洁易用、操作便捷，同时提供多种交互方式，以满足不同用户的需求。

移动设备与终端还需要具备较高的安全性。设备需要采用加密传输和存储技术，确保用户数据的安全性和隐私性。同时，设备还需要具备防病毒、防黑客攻击等安全功能，以应对各种安全风险。

2. 技术支持

在远程医疗与智能健康监测系统的构建中，技术支持起到了至关重要的作用。这些技术支持不仅为系统提供了强大的数据处理能力，还促进了医疗服务的智能化和精准化。以下是关于技术支持的详细扩写。

（1）云计算技术

云计算技术在远程医疗与智能健康监测系统中扮演着核心角色。通过云计算技术，系统能够集中存储海量的医疗信息数据，包括病历记录、诊断结果、实验室检查结果、影像学检查等。这些数据的集中存储使得医疗资源的在线查询和调配变得简单高效。医疗机构和医生可以通过云平台随时访问和调阅患者的医疗信息，为远程医疗服务提供了可靠的数据支持。

云计算技术还提供了弹性的计算和存储资源，可以根据系统的需求进行动态调整。在高峰时段，系统可以自动增加计算资源以满足大量的数据处理需求；而在低峰时段，则可以释放出多余的资源以节省成本。这种弹性的资源管理方式使得系统能够更好地应对各种复杂的医疗场景。

（2）大数据技术

随着医疗数据的不断积累，大数据技术成了处理和分析这些数据的关键技术。大数据技术可以对医疗数据进行深度整合和分析，揭示数据之间的关联性和规律。通过对大量医疗数据的挖掘和分析，可以优化医疗资源的配置，提高医疗服务的效率和质量。

大数据技术还可以实现数据资源的共享和互通。不同的医疗机构和医生可以共享自己的数据和经验，促进医疗知识的传播和共享。这种数据共享的方式有助于打破地域和学科的界限，推动医疗服务的创新和发展。

（3）人工智能技术

人工智能技术在远程医疗与智能健康监测系统中发挥着越来越重要的作用。应用AI算法，系统可以实现智能化的医疗诊断和方案推荐。通过对大量医疗数据的学习和训练，AI算法可以自动识别和分析患者的病情和症状，为医生提供准确的诊断结果和治疗建议。

人工智能技术还可以实现自动化的病情监测和预警。系统可以实时监测患者的生命体征、病情变化等数据，并根据这些数据预测患者未来的健康风险。当发现患者的数据出现异常时，系统可以自动触发预警机制，提醒医生或患者家属及时采取措施。

云计算技术、大数据技术和人工智能技术在远程医疗与智能健康监测系统的构建中发挥着不可或缺的作用。这些技术支持不仅提高了系统的数据处理能力和智能化水平，还为医疗服务带来了更多的可能性和机遇。

3. 政策保障

在远程医疗与智能健康监测系统的构建过程中，政策保障是确保系统健康、有序运行的关键环节。政策保障涵盖了法规制度、医疗服务付费以及医生执业管理等多个方面，旨在为远程医疗服务提供有力的法律和政策支持。

（1）法规制度

为了规范远程医疗服务的操作和监管，需要建立完善的远程医疗服务法规体系。这些法规体系应明确远程医疗服务的定义、范围、标准、流程等，确保服务质量和安全。同时，应建立严格的审批机制，对开展远程医疗服务的医疗机构和医生进行资质审核和监管，确保他们具备相应的技术能力和服务水平。法规还应明确远程医疗服务中的责任划分和纠纷解决机制，保障患者和医生的合法权益。

（2）医疗服务付费

为了推动远程医疗服务的普及和应用，需要建立适应远程医疗服务的社会医疗保险制度。这一制度应充分考虑远程医疗服务的特点和优势，将远程医疗服务纳入医保支付范围，降低患者的就医成本。同时，应简化付费流程，减少患者和医生在费用结算方面的烦琐操作，提高服务效率。还应实现政府、保险公司和个人三方支付的平衡，确保远程医疗服务的可持续发展。

（3）医生执业管理

医生是远程医疗服务的重要参与者，他们的执业行为直接关系到服务质量和患者安全。需要规范医生远程执业的标准和专业要求。一者，应明确医生远程执业的资质条件和标准，确保他们具备相应的医学知识和临床经验。再者，应建立相关的考核和培训机制，对医生进行定期的考核和培训，提高他们的远程医疗服务能力和水平。还应建立医生远程执业的监管机制，对医生的执业行为进行监督和评估，确保他们遵守医德医风，为患者提供更加优质的医疗服务。

政策保障是远程医疗与智能健康监测系统构建中不可或缺的一环。通过建立完善的法规制度、适应远程医疗服务的社会医疗保险制度以及规范医生远程执业的标准和专业要求等措施，可以为远程医疗服务提供有力的法律和政策支持，推动其健康、有序发展。

4. 市场推广与发展

在远程医疗与智能健康监测系统的构建过程中，市场推广与发展是确保系统长期稳定运行并持续吸引用户的关键环节。市场推广不仅涉及系统的推广策略，还包括系统的部署和用户体验的优化。

（1）先进的系统部署

投资方在市场推广与发展阶段需要充分考虑远程医疗服务的系统部署。系统部署是指将远程医疗服务所需的设备、软件等资源进行合理的配置和安装，以确保系统能够正常运行并满足用户需求。投资方应投入足够的资源，包括资金、技术和人力，来确保系统部署的顺利进行。

在设备方面，投资方需要选择高质量、稳定可靠的医疗设备，如高清摄像头、专业麦克风、医用级传感器等，以确保远程医疗服务的质量。同时，还需要考虑设备的兼容性和可扩展性，以便在未来进行升级和扩展。

在软件方面，投资方需要选择成熟、稳定的远程医疗软件平台，该平台应具备强大的数据处理能力、安全可靠的数据传输机制以及友好的用户界面。投资方还应关注软件的更新和维护，确保系统始终保持在最佳状态。

（2）用户体验优化

用户体验是市场推广与发展的重要因素之一。一个友好、易用的系统界面能够增强用户的黏性，提高用户的满意度。因此，在市场推广与发展阶段，投资方需要注重用户体验的优化。

投资方应对系统进行深入的用户研究，了解用户的需求和习惯。通过收集和分析用户反馈，投资方可以发现系统中的不足之处，并针对性地进行改进。

投资方应关注系统界面的设计。一个简洁、直观、易操作的界面能够降低用户的学习成本，提高用户的使用效率。投资方可以借鉴其他成功产品的设计经验，或者聘请专业的 UI 设计师来打造优质的系统界面。

投资方还可以考虑增加一些个性化的功能和服务，以满足不同用户的需求。例如，可以为用户提供定制化的健康监测方案、智能化的健康提醒等，这些功能能够增强用户的黏性，提高用户的满意度。

市场推广与发展是远程医疗与智能健康监测系统构建中不可或缺的一环。通过先进的系统部署和用户体验的优化，投资方可以确保系统长期稳定运行并持续吸引用户，从而推动远程医疗服务的普及和发展。

（二）智能健康监测系统的构建

智能健康监测系统是现代远程医疗领域中不可或缺的一部分，它通过各种传感器实时收集用户的生理数据，帮助用户、医生或监护人掌握健康状况。在构建智能健康监测系统时，传感器选择与布局是至关重要的一环。

1. 传感器选择

选择合适的传感器是构建智能健康监测系统的基础。根据检测的需求和目标，需要选择能够准确测量和记录生理数据的传感器。以下是几种常见的传感器类型及其功能。

（1）心率传感器：用于实时监测用户的心率变化，对于心血管疾病患者尤为重要。

（2）血压传感器：能够测量用户的血压，帮助用户及时发现高血压或低血压等异常情况。

（3）血氧传感器：用于测量血液中的氧气含量，对于呼吸系统和循环系统的健康评估具有重要意义。

（4）体温传感器：实时监测用户的体温，有助于发现发热等异常症状，对于预防疾病传播也至关重要。

在选择传感器时，除考虑其测量准确性和精度外，还需要考虑其功耗、尺寸、重量以及兼容性等因素，以确保传感器能够长时间稳定运行并满足用户的佩戴需求。

2. 传感器布局

传感器的布局是指将传感器放置在能够准确获取生理数据的位置。合理的传感器布局对于提高监测的准确性和用户体验至关重要。

（1）直接身体接触式布局

一些传感器可以直接与用户的身体接触，如心率传感器可以放置在用户的胸部或手腕处，血压传感器可以通过袖带绑在用户的上臂上进行测量。这种布局方式能够直接获取用户的生理数据，具有较高的准确性。

（2）穿戴式设备布局

随着可穿戴技术的不断发展，越来越多的传感器被集成在穿戴式设备中，如手环、智能手表等。这些设备可以方便地佩戴在用户的手腕或手臂上，通过内置的传感器实时监测用户的生理数据。穿戴式设备的布局方式不仅方便用户佩戴，还能够实现实时监测和数据传输。

在布局传感器时，需要充分考虑用户的舒适度、设备的佩戴稳定性以及数据传输的可靠性等因素。同时，也需要根据用户的具体需求和健康状况，合理选择和布局传感器，以确保监测的准确性和有效性。

3. 数据采集与存储

在智能健康监测系统的构建中，数据采集与存储是至关重要的一环。这一过程涉及传感器数据的实时收集、传输、存储以及后续的分析和挖掘。

传感器通过实时监测用户的生理数据，如心率、血压、血氧、体温等，将这些数据转化为电信号或数字信号。这些数据随后通过互联网传输至云平台，以便进行后续的存储和处理。互联网传输的可靠性对于保证数据的实时性和准确性至关重要，在选择传输方式时，需要考虑到网络的稳定性、速度和安全性。

云平台作为智能健康监测系统的核心组成部分，具备强大的存储能力和数据处理能力。它不仅能够接收并存储来自传感器的实时数据，还能够对这些数据进行进一步的分析和挖掘。通过利用大数据技术和人工智能算法，云平台可以对用户的健康数据进行深度分析，同时为用户提供个性化的健康建议和预警信息。

在数据存储方面，云平台需要采用安全可靠的数据库系统。这些数据库系统应具备高可用性、可扩展性和容错性等特点，以确保用户数据的稳定性和安全性。同时，数据库系统还需要符合相关的隐私保护法规和标准，确保用户个人隐私不被泄露。为了进一步增强数据的安全性，云平台还可以采用数据加密、访问控制等安全措施，确保只有经过授权的用户才能访问和使用用户数据。

数据采集与存储在智能健康监测系统中扮演着至关重要的角色。通过采用先进的传感器技术、互联网传输技术和云平台技术，可以实现对用户生理数据的实时收集、传输、存储和分析。同时，通过加强数据的安全保护措施，可以确保用户个人隐私不被泄露，为用户提供更加安全、可靠和个性化的健康监测服务。

4. 数据分析与模型训练

在智能健康监测系统中，数据分析与模型训练是提升系统智能化水平的关键环节。首先，通过对大量收集的健康数据进行深入分析，并结合机器学习等先进技术，可以建立各种预测模型，为用户提供精准的健康评估和个性化的医疗建议。

系统会对从传感器和其他数据源收集到的健康数据进行清洗和预处理，以确保数据的准确性和一致性。其次，这些数据会被送入数据分析模块进行深度的挖掘。在这一过程中，系统可能会运用多种统计分析方法，如描述性统计、相关性分析等，来揭示数据之间的内在规律和关联性。

再次，基于预处理和分析后的数据，系统会利用机器学习算法进行模型训练。这些算法可能包括监督学习、非监督学习或深度学习等，具体取决于数据的特性和分析的目标。例如，系统可以使用神经网络模型来预测用户的疾病风险，或者使用聚类算法来识别具有相似健康特征的用户群体。

在模型训练过程中，系统会对算法进行反复的优化和调整，以提高模型的预测准确性和泛化能力。同时，系统还会利用交叉验证等技术来评估模型的性能，确保模型在实际应用中的有效性。

最后，一旦模型训练完成，系统就可以根据用户的实时生理数据给出针对性的医疗建议。例如，当系统监测到用户的心率或血压异常时，它可以自动触发预警机制，并给出相应的健康建议或建议用户及时就医。系统还可以根据用户的健康数据为他们制订个性化的健康计划或饮食建议，帮助他们更好地管理自己的健康状况。

数据分析与模型训练是智能健康监测系统实现智能化和精准化服务的重要手段。通过不断积累和分析用户的健康数据，并结合先进的机器学习算法和技术，系统可以为用户提供更加精准、个性化的健康评估和医疗建议，帮助他们更好地了解自己的健康状况并采取相应的措施来维护健康。

5. 系统应用

智能健康监测系统通过先进的传感技术、数据处理能力以及模型训练机制，实现了对用户健康状况的实时监测、评估和管理。其丰富的系统应用功能为用户带来了前所未有的便捷和个性化体验。

系统能够实时监测和评估用户的健康状况。通过安装在用户身体或穿戴式设备上的传感器，系统可以实时收集用户的心率、血压、血氧、体温等生理数据，并将这些数据通过互联网传输到云平台进行存储和处理。一旦系统监测到任何异常情况，如心率过快、血压过高等，它会立即触发预警机制，并通过手机APP、短信或电话等方式及时通知用户，让用户能够及时了解自己的健康状况并采取相应的措施。

系统能够根据用户的健康指标和病历数据，为用户提供个性化的健康管理建议和药物依从性提醒。通过对用户的健康数据进行深度分析和挖掘，系统可以了解用户的健康状况、疾病风险以及生活习惯等信息。基于这些信息，系统可以为用户制订个性化的健康计划，如饮食建议、运动计划等，帮助用户改善生活习惯，降低疾病风险。同时，系统还可以根据用户的药物使用情况，提供药物依从性提醒，确保用户按时按量服药，提高治疗效果。

系统还可以与医生实现远程咨询和诊断。通过视频通话、语音聊天或文字交流等方式，用户可以与医生进行远程沟通，咨询健康问题或进行疾病诊断。医生也可以根据用户的健康数据和病历信息，为用户提供专业的医疗建议和治疗方案。这种远程咨询和诊断方式不仅方便用户就医，还节省了患者和医生的时间和精力，提高了医疗服务的效率和质量。

智能健康监测系统的应用功能丰富多样，能够为用户提供实时监测、个性化管理、远程咨询和诊断等全方位的健康服务。通过不断积累和优化数据分析和模型训练机制，系统将能够更加精准地预测用户的健康状况并提供相应的建议和服务，为用户带来更加健康、便捷和个性化的生活体验。

第三章 人工智能在金融领域的全面应用

第一节 基于 AI 的风险评估与预防机制

一、信贷风险评估与预警系统

在金融领域中，信贷风险评估是确保金融机构稳健运营和资金安全的重要环节。基于 AI 的信贷风险评估与预警系统通过自动化、智能化的方式，大大提高了金融机构在信贷风险管理方面的效率和准确性。随着技术的不断进步和应用场景的不断拓展，该系统将在金融领域发挥越来越重要的作用，基于 AI 的信贷风险评估与预警系统已经成为金融机构的重要工具。

（一）数据收集与处理

在信贷风险评估与预警系统中，数据是核心要素。为了确保评估结果的准确性和可靠性，系统首先会从多个渠道广泛收集借款人的相关信息。这些信息包括但不限于个人征信报告、财务状况分析、职业背景调查以及消费习惯数据等。个人征信报告详细记录了借款人的信用历史、还款记录以及逾期情况，是评估其信用状况的重要依据。财务状况分析则提供了借款人的收入、支出、资产和负债等关键财务数据，有助于全面了解其经济实力和偿债能力。职业背景调查则揭示了借款人的职业稳定性、行业前景以及职业声誉等信息，对评估其还款意愿和能力具有重要影响。消费习惯数据能够反映借款人的消费行为和偏好，对预测其未来的还款行为具有重要参考价值。

收集到原始数据后，系统会对这些数据进行清洗、整合和预处理。数据清洗旨在消除数据中的错误、异常和重复项，确保数据的准确性和一致性。数据整合则是将不同来源的数据进行合并和关联，形成一个完整的数据集。在预处理阶段，系统会对数据进行标准化、归一化等处理，以便后续算法能够更好地分析和处理数据。这些预处理步骤能够显著提高数据的质量和可用性，为后续的风险评估提供可靠的数据支持。

数据收集与处理是信贷风险评估与预警系统的重要基础。通过广泛收集借款人的相关信息并进行清洗、整合和预处理，系统能够确保数据的准确性和可靠性，并为后续的风险评估提供有力的数据支撑。

（二）特征提取与选择

在信贷风险评估与预警系统中，特征提取与选择是至关重要的一环。这一步骤的主要目标是从海量的借款人数据中提炼出与信贷风险密切相关的关键特征，从而为后续的风险评估模型提供有效的输入。

系统利用机器学习算法进行特征提取。这些算法能够自动分析数据集中的各个维度，并识别出与信贷风险相关的特征。这些特征可能包括借款人的年龄、性别、收入、职业、教育水平等基本信息，也可能包括他们的信用历史、借款记录、还款表现等更具体的信贷数据。通过机器学习算法的应用，系统能够深入挖掘数据中的隐藏模式，发现那些对信贷风险具有预测价值的特征。

并非所有提取出来的特征都对信贷风险评估具有同样的重要性。有些特征可能只是冗余的或者与信贷风险关系不大。因此，系统需要进一步进行特征选择。特征选择的过程旨在筛选出对信贷风险影响最大的特征，同时减少不相关或冗余的特征，以提高风险评估的准确性和效率。

为了实现这一目标，系统可以采用多种特征选择技术。例如，基于统计学的技术可以计算每个特征与信贷风险之间的相关性，并选择相关性较高的特征。基于模型的技术则可以通过构建预测模型，并评估不同特征对模型性能的影响来选择最佳特征。还有一些基于启发式搜索或元学习的特征选择方法，可以根据特定的优化准则来选择最优的特征子集。

通过特征提取与选择的过程，系统能够构建出一个精简而有效的特征集，这些特征集能够准确地反映借款人的信贷风险状况。这不仅提高了风险评估的准确性，还降低了模型的计算复杂度，使得系统能够更快速地处理大量的信贷申请，从而提高了整体的工作效率。

特征提取与选择是信贷风险评估与预警系统中不可或缺的一部分。通过利用机器学习算法和特征选择技术，系统能够自动从海量数据中提取出与信贷风险相关的关键特征，并构建一个精简而有效的特征集，为后续的风险评估提供有力的数据支持。

（三）风险评估模型构建

在信贷风险评估与预警系统中，风险评估模型的构建是至关重要的一环。基于先前通过特征提取与选择阶段得到的关键特征，系统会使用多种先进的机器学习算法来构建和优化信贷风险评估模型。这些算法包括但不限于逻辑回归、支持向量机（SVM）、神经网络（如深度学习网络）等，每种算法都有其独特的优势和适用场景。

逻辑回归作为一种经典的分类算法，在信贷风险评估中常常被用于预测借款人的违约概率。它通过计算特征变量的加权和，并使用逻辑函数将结果转换为概率值，从而评估借款人的信用风险。逻辑回归具有计算简单、解释性强等优点，尤其适用于特征变量之间关系相对简单的场景。

支持向量机（SVM）则是一种基于统计学习理论的分类算法，它通过寻找一个超平面来对样本进行划分，使得不同类别的样本间隔最大化。在信贷风险评估中，SVM 能够有效地处理高维数据和非线性关系，对于特征变量之间关系复杂的场景具有较好的表现。

神经网络，特别是深度学习网络，近年来在信贷风险评估领域取得了显著的成果。它通过模拟人脑神经元的连接方式，构建出具有多个隐藏层的神经网络模型。这些模型能够自动学习数据的复杂特征表示，并通过反向传播算法不断优化网络参数，从而实现对借款人信用风险的精准预测。神经网络具有强大的非线性映射能力和自适应学习能力，对于处理复杂、多变的数据具有很好的适应性。

在构建风险评估模型时，系统会根据数据的特性和业务需求选择合适的算法，并通过对历史数据的学习来训练模型。这些模型不仅能够自动判断借款人的信用风险水平，并能够给出相应的信用评分或评级。评分或评级的高低直接反映了借款人的还款能力和意愿，为金融机构提供了重要的决策依据。

为了确保模型的准确性和稳定性，系统还会采用一系列的技术手段进行模型验证和优化。例如，通过交叉验证来评估模型的泛化能力，通过正则化技术来防止过拟合现象的发生，以及通过集成学习等方法来提高模型的预测性能。这些技术手段的应用，使得系统能够构建出更加可靠、高效的风险评估模型，为金融机构的信贷业务提供有力的支持。

（四）风险预警与监控

在信贷风险评估与预警系统中，风险预警与监控是确保金融机构能够及时响应并处理潜在风险的关键环节。一旦信贷风险评估模型构建完成并经过验证，系统便能够自动地对借款人的信用状况进行实时监控。

系统通过实时收集借款人的各类信息，如最新的还款记录、财务状况变动、职业稳定性等，与已构建的信贷风险评估模型进行比对和分析。当借款人的信用状况发生显著变化或超过预设的预警阈值时，系统会立即触发预警机制。

预警阈值的设定是风险预警与监控中的核心环节。系统会根据金融机构的业务需求、风险偏好以及历史经验等因素，设定不同级别的预警阈值。这些阈值可以涵盖多个方面，如借款人的逾期天数、信用评分下降幅度、财务状况恶化程度等。一旦借款人的相关指标超过这些阈值，系统便会自动发出预警信号。

除预警阈值外，系统还会设置多个监控指标来全面评估借款人的信用状况。这些指标可以包括借款人的还款意愿、还款能力、资金流动性等。通过对这些指标的实时监控和评估，系统能够更全面地了解借款人的信用状况，并提前发现潜在的风险因素。

当系统发出预警信号时，金融机构能够迅速响应并采取相应的防控措施。这些措施可以包括联系借款人进行还款提醒、调整借款人的信用额度、增加担保措施等。通过及时的风险预警和监控，金融机构能够有效地降低信贷风险，保障资金安全。

系统还会定期对风险预警与监控机制进行评估和优化。通过收集和分析实际案例，系统能够不断改进预警算法和监控指标，提高预警的准确性和及时性。同时，系统还会根据金融机构的反馈和需求，对预警和监控机制进行个性化定制，以满足不同金融机构的特定需求。

风险预警与监控是信贷风险评估与预警系统中不可或缺的一部分。通过实时监控借款人的信用状况、设置合理的预警阈值和监控指标，系统能够确保金融机构在风险发生时能够迅速响应并采取相应的防控措施，从而有效地降低信贷风险并保障资金安全。

（五）效果评估与反馈

在信贷风险评估与预警系统中，效果评估与反馈是确保系统持续改进和优化的关键步骤。金融机构必须定期对系统的性能进行评估，以确保其能够准确预测信贷风险，并为业务决策提供有力支持。

效果评估的过程通常包括以下几个步骤。

金融机构会收集一定时间段内的系统预测结果和实际风险发生情况的数据。

这些数据包括系统给出的信用评分、评级或预警信号，以及对应的借款人是否发生了违约、逾期等风险事件。

接下来，金融机构会对这些数据进行分析和对比。通过计算预测结果的准确率、召回率、F1 分数等指标，可以评估系统预测风险的准确性和可靠性。同时，还可以对比不同时间段、不同市场环境下的预测效果，以了解系统性能的波动情况。

除量化评估外，金融机构还可以对系统进行定性评估。这包括分析系统预测错误的案例，了解错误发生的原因和背景，以便为后续的优化提供针对性的建议。还可以邀请业务专家对系统进行评估，了解他们对系统性能的看法和建议。

在评估完成以后，金融机构会将评估结果反馈给系统开发和维护团队。这些反馈包括系统的优点、存在的问题以及改进的建议。开发和维护团队会根据这些反馈对系统进行相应的优化和改进，以提高系统的性能和准确性。

金融机构还可以将评估结果用于指导业务决策。通过了解系统的预测效果和准确性，金融机构可以更加精准地把握信贷风险，制定更加合理的信贷政策和风险控制措施。这有助于降低信贷风险、提高资产质量，并提升整个金融机构的竞争力。

效果评估与反馈是信贷风险评估与预警系统中不可或缺的一环。通过定期评估系统的性能、分析预测结果与实际风险发生情况的差异，并将评估结果反馈给系统开发和维护团队以及业务决策层，可以确保系统持续改进和优化，为金融机构的信贷业务提供有力支持。

二、市场风险监测与应对策略

市场风险是企业运营过程中不可忽视的重要方面，它涵盖了价格波动风险、利率风险、汇率风险、竞争风险以及政策风险等多元维度。这些风险因素的波动和变化，都可能对企业的盈利能力、市场份额和整体运营状况产生深远影响。

（一）市场风险识别与监测

为了有效应对这些市场风险，企业需要具备高度的敏感性和准确性，以实时识别并监测这些风险的变化。在这个过程中，AI 技术，特别是机器学习和数据挖掘技术，发挥着至关重要的作用。

AI 技术能够帮助企业从海量的市场数据中识别出与风险相关的关键信息。通过先进的算法和模型，AI 系统能够自动分析和处理各种数据，包括市场价格、交易数据、政策公告、新闻报道等，从而发现其中蕴含的潜在风险。

利用AI进行特征提取和选择，企业可以进一步筛选出对风险影响最大的因素。通过对数据的深入分析和挖掘，AI系统能够识别出哪些因素与风险的相关性最高，哪些因素的变化最能够反映风险的趋势。这样，企业就能够更加准确地把握市场风险的动态变化，并为后续的风险评估和应对提供有力支持。

AI技术还能够实现实时风险监测。通过实时监测和分析市场数据，AI系统能够及时发现市场风险的异常波动和变化，并在第一时间向企业发出预警信号。这样，企业就能够迅速响应并采取相应的应对措施，有效避免或减少风险带来的损失。

市场风险识别与监测是企业风险管理的重要环节。通过利用AI技术，企业可以更加准确地识别和监测市场风险的变化，为后续的风险评估和应对提供有力支持。同时，这也要求企业不断加强技术投入和人才培养，提高AI技术在风险管理中的应用水平。

（二）市场风险评估

市场风险评估是企业决策过程中至关重要的环节，它涉及对未来市场走势和风险水平的预测与评估。在这个过程中，AI技术的应用为企业提供了强大的支持，帮助企业构建高效、准确的风险评估模型。

AI技术通过深度学习和数据挖掘技术，可以自动从大量的历史数据中提取出关键信息，并利用这些信息进行模型的训练和优化。企业可以根据自身的业务需求和数据特点，选择适合的机器学习算法，如逻辑回归、支持向量机、神经网络等，来构建风险评估模型。这些算法能够捕捉数据中的复杂模式和趋势，从而更准确地预测未来市场的走势和风险水平。

在构建风险评估模型时，企业还需要考虑多种因素，如宏观经济环境、行业竞争态势、政策变化等。AI技术可以帮助企业将这些因素纳入模型中，并通过敏感性分析、波动率分析、压力测试等方法来全面评估企业在不同市场环境下的风险承受能力。这些分析方法能够揭示各种因素对企业风险的影响程度，帮助企业更好地了解自身在市场中的位置和风险状况。

通过AI技术构建的风险评估模型，企业可以更加准确地预测未来市场的走势和风险水平，为业务决策提供更加可靠的数据依据。同时，这些模型还能够持续地进行学习和优化，根据市场环境的变化及时调整参数和算法，以适应不同场景下的风险评估需求。

市场风险评估是企业风险管理的重要组成部分，AI 技术的应用为企业提供了更加高效、准确的风险评估手段。通过构建基于 AI 的风险评估模型，企业可以更好地了解自身在市场中的位置和风险状况，并为业务决策提供更加可靠的依据。

（三）市场风险预警与应对

在当今日益复杂多变的市场环境中，市场风险预警与应对机制对于企业的稳健运营至关重要。AI 系统的引入，使得企业能够实时监控市场变化，并在发现潜在风险时迅速作出反应。

AI 系统通过实时收集和分析市场数据，能够迅速识别出市场中的异常波动和潜在风险。当系统监测到潜在风险时，它会立即发出预警信号，这些信号可以通过多种渠道传达给企业，如电子邮件、手机推送或企业内部的监控系统。预警信号的及时性和准确性，为企业提供了宝贵的时间窗口，使其能够在风险真正暴发之前采取相应的措施。

在接收到预警信号后，企业可以根据 AI 系统提供的风险分析结果，制定相应的风险应对策略。这些策略可以涵盖多个方面，如调整产品价格以应对市场竞争加剧，优化库存管理以降低库存积压和损失，调整投资策略以规避市场波动等。AI 系统可以根据企业的历史数据和当前市场状况，提供个性化的建议和方案，帮助企业更加精准地应对风险。

除制定风险应对策略外，AI 系统还可以帮助企业建立自动化安全响应体系。这种体系能够在风险发生时自动触发相应的应对措施，如关闭风险敞口、启动应急预案等。通过自动化响应，企业可以大大减少人为因素造成的不确定性影响，提高应对风险的速度和效率。同时，AI 系统还可以对响应过程进行实时监控和评估，确保应对措施的有效性和及时性。

市场风险预警与应对是企业风险管理的重要组成部分。AI 系统的引入，使得企业能够实时监控市场变化，并在发现潜在风险时迅速作出反应。通过制定个性化的风险应对策略和建立自动化安全响应体系，企业可以更加有效地应对市场风险，保障其稳健运营。

（四）市场风险应对策略

在充满不确定性的市场环境中，企业需要制定灵活且有效的风险应对策略来应对各种市场风险。AI 技术的应用为企业提供了强大的工具，帮助企业更好地应对这些挑战。

1. 应对市场需求下降风险

当市场需求下降时，企业可以利用AI技术进行市场调研和趋势分析。通过AI算法，企业能够收集和分析大量市场数据，识别出消费者需求的变化和趋势。基于这些数据，企业可以及时调整产品或服务定位，以便更好地满足市场需求。例如，企业可以调整产品线，推出更符合消费者偏好的新产品，或者优化现有产品的功能和性能。

2. 应对价格竞争加剧风险

在价格竞争加剧的市场环境中，企业需要保持成本优势并提供卓越的用户体验和价值。AI技术可以帮助企业优化成本管理，通过自动化生产和供应链管理来降低生产成本。AI还可以帮助企业提高生产效率，减少浪费和不必要的支出。同时，企业可以利用AI技术提供更加个性化的服务和产品，以满足消费者的特定需求，提高用户体验和价值。

3. 应对技术变革风险

随着技术的不断发展，企业需要不断创新以保持竞争力。为了应对技术变革风险，企业应加强技术创新和研发。利用AI技术，企业可以加速产品研发和测试过程，提高创新效率和质量。企业还可以与合作伙伴建立合作关系，共同研发新技术和产品，以获取更多的资源和支持。这种合作模式可以帮助企业更快地适应市场变化，保持技术领先地位。

4. 应对市场准入壁垒风险

在某些行业或地区，市场准入壁垒可能较高，企业需要采取相应措施来应对这些壁垒。利用AI技术，企业可以加强市场调研和了解相关法律法规。通过AI算法，企业可以分析市场准入条件和标准，了解行业的竞争态势和监管环境。基于这些信息，企业可以制定合适的策略来应对市场准入壁垒，例如寻找合适的合作伙伴或调整市场策略。

5. 应对品牌形象受损风险

品牌形象受损可能会对企业造成严重的负面影响。为了应对这种风险，企业可以利用AI技术加强用户关系管理。通过AI算法，企业可以分析消费者的反馈和评论，了解他们对产品和服务的看法及意见。基于这些信息，企业可以及时采取措施来解决问题和改进服务，以恢复消费者的信任和忠诚度。企业还可以利用AI技术来处理负面事件或舆论，通过自动化的危机公关策略来减轻品牌形象受损的影响。

（五）持续优化与迭代

市场环境和竞争态势的瞬息万变要求企业的风险评估与预防机制必须保持高度的灵活性和适应性。因此，持续优化与迭代成为确保这些机制有效运行的关键。

企业应定期评估 AI 系统的性能。通过对 AI 系统的准确性、可靠性、响应速度等关键指标进行定期评估，企业可以及时发现系统存在的问题和不足。基于评估结果，企业可以调整模型参数、优化算法选择，以提高系统的预测能力和决策支持效果。这一过程可能涉及对大量数据的重新分析、模型的重新训练以及对算法参数的微调。

企业应关注新技术的发展和应用。随着科技的快速发展，新的技术和方法不断涌现，为企业提供了更多的优化和迭代机会。企业应积极关注新技术的发展动态，评估其对企业风险评估与预防机制的潜在影响。一旦发现新技术具有显著的优势和潜力，企业应及时将其引入现有的系统中，以提升整体的风险管理能力。

在优化与迭代的过程中，企业还应注重团队协作和知识共享。风险评估与预防机制是一个复杂的系统工程，需要多个部门和团队地共同参与和协作。因此，企业应加强内部沟通和协作，确保各部门之间的信息共享和协同工作。企业还可以与外部专家和研究机构建立合作关系，共同研究和开发新的风险评估和预防技术。

持续优化与迭代是企业确保风险评估与预防机制有效运行的关键。企业应定期评估 AI 系统的性能，关注新技术的发展和应用，并加强团队协作和知识共享。通过这些措施，企业可以不断提升自身的风险管理能力，更好地应对市场环境和竞争态势的变化。

第二节　人工智能引领投资决策新时代

一、量化投资与智能投顾服务

量化投资与智能投顾服务都是人工智能技术在金融投资决策领域的重要应用。它们通过数据驱动、模型驱动和自动化交易等方式，提高了投资决策的准确性和效率，为投资者提供了更加客观、精准和个性化的服务。随着人工智能技术的不断发展和完善，这些应用将在金融投资决策领域发挥越来越重要的作用。

（一）量化投资

量化投资是运用数学模型、计算机技术和大数据分析等手段，对金融市场进行定量分析，以实现投资决策自动化的一种投资方法。其特点如下。

1. 数据驱动是量化投资的核心力量

在量化投资中，数据不仅是基础，更是驱动力。这种方法强烈依赖于大量的历史和实时数据，这些数据来源于各个金融市场、经济指标、企业财报等多元化的来源。通过对这些数据的挖掘和分析，量化投资者能够揭示出隐藏在数据背后的投资机会。

与传统的定性投资方法相比，量化投资更加注重数据的客观性和准确性。在数据驱动的投资过程中，投资者不再仅仅依赖于个人的经验、直觉或市场传闻来做出投资决策，而是依赖于大量的数据和科学的方法。这种方法能够降低人为因素对投资决策的影响，减少情感偏见和主观臆断，从而提高投资决策的客观性。

数据挖掘是量化投资中不可或缺的一环。通过运用各种数据挖掘技术，投资者可以从海量的数据中提取出有价值的信息，如价格趋势、波动率、相关性等。这些信息可以帮助投资者更好地理解市场行为，发现潜在的投资机会。同时，数据挖掘还可以帮助投资者发现新的投资策略和模型，进一步提高投资回报。

除数据挖掘外，数据分析也是量化投资中的重要环节。通过对历史数据的分析，投资者可以了解市场的过去表现，预测未来的市场趋势。这种基于数据的预测方法比传统的定性预测更加准确和可靠。数据分析还可以帮助投资者评估投资组合的风险和收益，优化资产配置方案，提高投资效率。

数据驱动是量化投资的核心力量。通过对大量历史和实时数据的挖掘和分析，量化投资者能够发现潜在的投资机会，降低人为因素对投资决策的影响，提高决策的客观性。在未来的金融市场中，随着数据量的不断增加和技术的不断进步，量化投资将继续发挥重要作用。

2. 模型驱动是量化投资中的数学之美

在量化投资的广阔天地里，模型驱动的方法占据了举足轻重的地位。不同于传统的基于经验和直觉的投资决策，量化投资通过运用多种数学模型，以科学、量化的方式描述市场行为，从而帮助投资者更深入地理解市场趋势和发掘投资机会。

这些数学模型是量化投资中的核心工具，它们包括但不限于均值方差模型、套利定价模型、黑－斯科尔模型等。每一种模型都有其独特的理论基础和应用场景，它们共同构成了量化投资的理论框架。

均值方差模型是量化投资中最为基础和常用的模型之一。它通过对投资组合的期望收益和方差进行量化分析，帮助投资者在风险与收益之间找到最佳的平衡点。该模型的核心思想是通过分散投资来降低非系统性风险，进而实现资产的稳健增值。

套利定价模型则是一种用于发现市场套利机会的模型。它基于市场有效性假设，通过分析不同市场或资产之间的价格差异，发现潜在的套利空间。套利定价模型在金融市场中的应用广泛，它可以帮助投资者在不同的市场或资产之间实现无风险套利，获取超额收益。

除上述两种模型外，量化投资中还有许多其他重要的模型，如黑-斯科尔模型、卡尔曼滤波模型等。这些模型在市场环境和投资需求下都有其独特的应用价值。

通过运用这些数学模型，量化投资者能够以更加科学、客观的方式分析市场行为，发现潜在的投资机会。与传统的定性投资相比，量化投资具有更高的准确性和可靠性，能够更好地应对市场的波动和不确定性。

这些数学模型还可以帮助投资者进行投资组合的优化和风险管理。通过对投资组合的量化分析，投资者可以了解不同资产之间的相关性、波动性等风险特征，从而制定出更加合理的投资策略和风险管理方案。

3. 自动化交易是量化投资的执行利器

在量化投资的领域中，自动化交易系统扮演着至关重要的角色。这一系统通过先进的计算机技术，实现了买卖指令的快速、准确执行，从而极大地降低了交易成本，提高了投资效率。特别是在高频交易中，自动化交易系统的优势更是凸显无遗。

自动化交易系统能够实时监控市场动态，根据预设的量化模型和策略，自动发出买卖指令。这一过程中，人为因素的干扰被大大降低，交易决策更加客观、迅速。同时，由于自动化交易系统能够快速响应市场变化，投资者能够抓住更多的交易机会，实现更高的投资回报。

在高频交易中，自动化交易系统的优势更是得到了充分体现。高频交易指的是在短时间内进行大量、快速的交易，以捕捉微小的价格差异。在这种交易模式下，时间就是金钱，任何微小的延迟都可能导致交易机会的丧失。而自动化交易系统能够在毫秒级别内做出买卖决策，迅速执行交易指令，从而确保投资者能够抓住这些微小的价格差异，实现更高的收益。

自动化交易系统还能够降低交易成本。在传统的交易方式中，投资者需要支付高昂的佣金和手续费。而自动化交易系统通过电子交易平台进行交易，能够显著降低这些成本。同时，由于自动化交易系统能够实现快速、准确的交易执行，投资者还能够减少因市场波动导致的交易损失。

自动化交易系统也面临着一些挑战。例如，如何确保系统的稳定性和安全性，如何防止系统故障或黑客攻击对交易造成损失等。因此，投资者在选择自动化交易系统时，需要充分考虑系统的性能、稳定性和安全性等因素，以确保交易的顺利进行。

自动化交易系统是量化投资中不可或缺的一环。它通过实现买卖指令的快速、准确执行，降低了交易成本，提高了投资效率。特别是在高频交易中，自动化交易系统的优势更是得到了充分体现。随着技术的不断进步和完善，自动化交易系统将在未来的金融市场中发挥更加重要的作用。

4. 风险管理是量化投资与AI技术共筑防线

在量化投资的领域里，风险管理是至关重要的一环。它不仅关乎投资的安全，更是实现长期、稳定收益的关键。量化投资通过对投资组合的优化，能够精准地实现风险与收益的平衡，为投资者带来稳健的投资回报。

投资组合的优化是量化风险管理的基础。量化投资者利用复杂的数学模型和算法，对投资组合进行深度分析，确定各种资产之间的相关性、波动性和风险敞口。然后，根据投资者的风险偏好和投资目标，对投资组合进行微调，确保在各种市场环境下都能保持稳定的收益。

在这个过程中，AI技术的引入为量化风险管理带来了革命性的变化。AI技术具有强大的数据处理和分析能力，能够处理海量的市场数据，并实时跟踪市场动态。这使得投资者能够更准确地预测市场的波动性、流动性和相关性等风险因素，从而做出更加精准的投资决策。

AI技术可以通过以下方式帮助投资者进行风险管理。

（1）市场预测：AI技术可以通过机器学习算法，对市场历史数据进行深度分析，发现市场波动的规律。然后，利用这些规律对未来市场走势进行预测，帮助投资者提前规避风险。

（2）风险识别：AI技术能够实时监控市场动态，识别出潜在的风险因素。一旦发现异常情况，AI系统会立即发出警报，提醒投资者注意风险。

（3）投资组合优化：AI技术可以根据投资者的风险偏好和投资目标，自动调整投资组合的配置。通过优化算法，AI系统可以在确保收益的同时，最大限度地降低风险。

（4）压力测试：AI技术还可以对投资组合进行压力测试，模拟各种极端市场环境下的投资表现。这有助于投资者了解投资组合的抗风险能力，并提前做好风险应对准备。

量化投资与AI技术的结合，为投资者提供了更加全面、精准的风险管理工具。通过优化投资组合、预测市场走势、识别潜在风险和进行压力测试等方式，AI技术能够帮助投资者更好地理解和管理风险，实现稳健的投资回报。在未来的金融市场中，随着技术的不断进步和完善，量化投资与AI技术将在风险管理领域发挥更加重要的作用。

（二）智能投顾服务

智能投顾服务利用人工智能技术为投资者提供个性化的投资建议和资产配置方案。其特点如下。

1. 个性化定制是智能投顾服务为投资者量身打造投资策略

智能投顾服务在现代金融领域中正逐渐崭露头角，其核心优势在于能够根据每位投资者的个性化需求和风险承受能力，提供量身打造的投资建议和资产配置方案。这种个性化的服务不仅满足了投资者多样化的投资需求，更有助于他们根据自身的实际情况进行投资，从而实现资产的合理配置。

智能投顾服务通过收集投资者的个人信息、投资目标和风险承受能力等关键数据，为每位投资者建立一个独特的投资档案。这个档案详细记录了投资者的投资偏好、风险承受能力和其他相关信息，为后续的投资建议和资产配置提供了重要依据支撑。

智能投顾服务通过算法模型为投资者提供个性化的投资建议和资产配置方案。这些算法模型基于大量的历史数据和市场趋势进行分析和预测，能够为投资者提供更加精准、科学的投资建议。相比传统的人工投顾服务，智能投顾服务的算法模型更加客观、准确，能够更好地满足投资者的个性化需求。

在投资建议方面，还会根据投资者的风险承受能力和投资目标，为其制定个性化的投资策略。这些策略涵盖了资产配置、风险控制、交易时机等多个方面，旨在帮助投资者实现资产的稳健增值。

在资产配置方面，智能投顾服务能够根据投资者的投资目标和风险承受能力，为其构建一个多元化的投资组合。这个组合包括了股票、债券、基金、期货等多种投资品种，旨在降低单一资产的风险，以提高整体投资组合的稳健性。

智能投顾服务还提供了便捷的交易执行和持续的投资监控功能。投资者可以通过智能投顾平台直接进行交易操作，无须再手动执行买卖指令。同时，智能投顾系统还会持续监控市场动态和投资组合的表现，及时为投资者提供调整建议，确保投资组合始终与投资者的投资目标和风险承受能力保持一致。

个性化定制是智能投顾服务的核心优势之一。通过为每位投资者量身打造投资策略和资产配置方案，智能投顾服务能够满足投资者多样化的投资需求，帮助他们实现资产的合理配置和稳健增值。在未来的金融市场中，随着技术的不断进步和完善，智能投顾服务将在个性化投资领域发挥更加重要的作用。

2. 低成本高效率是智能投顾服务重塑投资顾问体验

在当今这个数字化、智能化的时代，智能投顾服务以其低成本和高效率的特点，正逐步改变着传统投资顾问行业的格局。通过运用自动化操作和先进的算法模型，智能投顾服务不仅极大地降低了管理成本，还显著节约了人力资源，为投资者提供了更加优质、经济的投资顾问服务。

智能投顾服务的自动化操作显著降低了管理成本。传统的投资顾问服务通常需要大量的人力资源来处理烦琐的投资建议、资产配置和交易执行等工作。然而，智能投顾服务通过运用先进的自动化技术和算法模型，能够自动完成这些任务，极大地减少了人力成本。这种自动化操作模型不仅提高了工作效率，还降低了出错率，确保了投资建议和资产配置的准确性和可靠性。

智能投顾服务的费用也相对较低。由于自动化操作和算法模型的应用，智能投顾服务能够降低管理成本，从而提供更加经济、实惠的投资顾问服务。对于投资者来说，这意味着他们可以以更低的费用享受到更加专业、高效的投资顾问服务。

智能投顾服务的高效性也是其重要的优势之一。智能投顾系统能够实时跟踪市场动态和投资组合的表现，及时为投资者提供调整建议。这种高效性不仅确保了投资组合的稳健增值，还能够帮助投资者更好地把握市场机会，实现更高的投资回报。

智能投顾服务以其低成本和高效率的特点，为投资者提供了更加优质、经济的投资顾问服务。通过自动化操作和算法模型的应用，智能投顾服务降低了管理成本、节约了人力资源，同时保持了高效的服务质量。随着技术的不断进步和完善，智能投顾服务将在未来继续发挥重要作用，为投资者提供更加专业、便捷的投资顾问体验。

3. 数据驱动决策是智能投顾服务以数据为指引，提升投资决策的精准度

在投资领域，决策的质量直接关系到投资者的收益。智能投顾服务以其数据驱动的特点，为投资者提供了一种全新的决策方式。通过充分利用大数据和历史数据，智能投顾服务能够深入剖析市场趋势、洞察投资机会，并为投资者提供科学的决策支持。

智能投顾服务具备强大的数据处理能力。它能够收集、整理和分析海量的市场数据，包括股票价格、债券收益率、宏观经济指标等。这些数据涵盖了市场的各个方面，为投资决策提供了丰富的信息基础。通过运用先进的算法和模型，智能投顾服务能够深入挖掘数据中的价值，并发现市场的潜在规律和趋势。

智能投顾服务擅长于预测市场走势。它基于历史数据和市场趋势的分析，运用机器学习、深度学习等先进技术，对市场未来的走势进行预测。这种预测能力不仅能够帮助投资者把握市场的整体趋势，还能够发现具体的投资机会和风险点。通过预测市场走势，智能投顾服务能够为投资者提供有针对性的投资建议，帮助他们做出更加明智的投资决策。

智能投顾服务以数据为指引，通过充分利用大数据和历史数据，为投资者提供了更加精准、科学的决策支持。这种基于数据驱动的决策方式不仅能够提高投资的成功率，还能够为投资者带来更加稳健、长期的收益。在未来，随着技术的不断进步和市场的不断发展，智能投顾服务将在投资决策领域发挥越来越重要的作用。

二、资产配置与投资组合的智能优化

人工智能（AI）在投资决策中的应用正在引领一个新时代，特别是在资产配置与投资组合的智能优化方面，其效果尤为显著。以下将分点介绍AI在资产配置与投资组合智能优化中的关键作用。

（一）数据收集与处理是AI技术在投资决策中的核心作用

在投资决策的复杂过程中，数据收集与处理是至关重要的一环。AI技术以其卓越的数据处理能力，为投资者提供了前所未有的便利和效率。它能够自动收集和处理大量的市场数据，这些数据涵盖了股票、债券、基金等各种资产的历史数据、实时数据和预测数据。

AI技术通过自动化手段，能够实时追踪和收集来自全球各大金融市场的海量数据。这些数据包括了资产的历史交易价格、交易量、市场指数等关键信息，以及影响市场的宏观经济数据、政策动态等外部因素。这种广泛的数据来源为投资者提供了全面的市场视角，有助于他们更准确地把握市场动态。

经过AI算法处理后的数据被转换为有用的信息，为资产配置策略提供坚实的基础。这些信息包括资产的预期收益率、风险水平、相关性等关键指标，以及市场的整体趋势和投资机会。投资者可以根据这些信息来制定和调整资产配置策略，从而实现风险控制和收益最大化。

AI技术在数据收集与处理方面的应用，为投资者提供了全面、准确和高效的数据支持。它使得投资者能够更好地把握市场动态，制定更加科学和合理的投资策略。随着技术的不断进步和应用场景的不断拓展，AI在投资决策中的数据收集与处理作用将更加凸显。

（二）模式识别与预测决定AI技术如何引领投资决策的未来

在投资决策过程中，预见市场变化并据此调整策略是至关重要的。随着人工智能（AI）技术的飞速发展，模式识别与预测能力得到了极大的提升，为投资者提供了前所未有的洞察力。AI通过机器学习算法，从历史数据中识别出资产价格、市场波动等的模式，并基于这些模式进行预测，从而引领投资决策进入了一个全新的时代。

AI技术具备强大的数据处理和分析能力。它能够处理海量的历史数据，并运用各种机器学习算法来识别市场中的隐藏模式。这些模式可能涉及资产价格的周期性波动、市场趋势的形成与反转、不同资产之间的相关性等。通过对这些模式的识别，AI能够揭示市场的本质特征和运行规律。

基于识别出的模式，AI能够进行精确的预测。它运用先进的预测模型和算法，对市场的未来走势进行模拟和预测。这种预测能力不仅能够帮助投资者预见市场的短期波动，还能够揭示市场的长期趋势和潜在风险。投资者可以根据这些预测结果，制定和调整资产配置策略，以更好地适应市场变化。

AI技术的预测能力还具有高度的灵活性和可定制性。它可以根据投资者的具体需求和风险偏好，进行个性化的预测和策略建议。这意味着投资者可以根据自己的投资目标和风险承受能力，选择适合自己的预测模型和策略组合，以实现最佳的投资效果。

在投资决策中，预见市场变化并及时调整策略是至关重要的。AI技术的模式识别与预测能力为投资者提供了这种能力，使他们能够更好地把握市场机会，降低投资风险。随着技术的不断进步和应用场景的不断拓展，AI在投资决策中的模式识别与预测作用将更加凸显，引领投资决策进入一个全新的时代。

（三）风险管理决定 AI 技术如何助力投资者优化风险配置

在投资决策中，风险管理是至关重要的一环。投资者需要确保在追求收益的同时，有效地控制和管理风险。随着人工智能（AI）技术的不断发展，其在风险管理领域的应用也日益广泛，为投资者提供了更加精准和高效的风险管理工具。

AI 技术在风险管理方面的应用主要体现在对资产的相关性、风险度量等的分析上。首先，AI 可以通过对资产的相关性进行深入的分析，识别出资产之间的相互依赖关系。这种相关性分析有助于投资者了解不同资产之间的联动效应，从而避免过度集中在某一资产上。当某个资产的风险增加时，与其相关性较高的其他资产也可能面临类似的风险。通过分散投资，降低资产之间的相关性，可以有效地降低整体投资组合的风险。

AI 技术还可以对风险进行量化度量。它运用先进的算法和模型，对资产的波动率、风险价值（VaR）等关键风险指标进行计算和评估。这些风险指标能够帮助投资者更加准确地了解投资组合的风险水平，并据此制定相应的风险控制策略。通过设定风险阈值、调整资产配置比例等手段，投资者可以在保持一定收益水平的同时，有效控制投资组合的整体风险。

AI 技术还可以对投资组合进行压力测试和情景分析。它模拟各种极端市场条件和市场事件对投资组合的影响，从而评估投资组合在不同情况下的表现和风险水平。这种压力测试和情景分析有助于投资者更好地了解投资组合的脆弱性和潜在风险点，并据此制定更加周全和有效的风险管理措施。

AI 技术在风险管理领域的应用为投资者提供了更加精准和高效的风险管理工具。它通过对资产的相关性、风险度量等的分析，帮助投资者更好地了解和控制投资组合的风险水平。随着技术的不断进步和应用场景的不断拓展，AI 在风险管理中的作用将更加凸显，将为投资者提供更加安全、稳健的投资环境。

（四）投资组合优化决定 AI 技术引领下的收益与风险平衡之道

在投资决策的复杂过程中，投资组合的优化是实现收益最大化与风险最小化的关键步骤。随着人工智能（AI）技术的飞速发展，它正在逐步成为投资组合优化的核心驱动力，为投资者提供更为精准和高效的优化方案。

AI 技术在投资组合优化方面的应用，主要体现在对历史数据的深度分析和建模上。通过对海量的历史数据进行挖掘和整理，AI 能够发现隐藏在其中的市场规律和趋势，并据此构建出符合投资者需求的投资组合模型。这个模型不仅考虑了资产的预期收益率和风险水平，还综合考虑了流动性、市场波动率等多个因素，确保投资组合的整体表现最佳。

在优化过程中，AI 技术运用了多种先进的算法和模型。例如，它可以通过回归分析、时间序列分析等方法，对资产的未来走势进行预测，并根据预测结果调整投资组合的配置比例。同时，AI 还可以运用随机森林、神经网络等机器学习算法，对投资组合进行动态优化，以适应市场环境的不断变化。

AI 技术的优势在于其能够处理海量的数据，并能够从中提取出有价值的信息。相比于传统的投资组合优化方法，AI 技术更加灵活和高效，能够快速地适应市场环境的变化，为投资者提供更加精准和个性化的优化方案。AI 技术还能够自动化地进行投资组合的调整和优化，降低了投资者的操作成本和风险。

在投资组合优化的过程中，AI 技术还考虑了多个因素之间的平衡。它不仅要确保投资组合的收益最大化，还要尽可能地降低风险水平。同时，AI 技术还需要考虑投资组合的流动性，以确保在需要时能够及时卖出资产并回收资金。这种全面的考虑使得 AI 技术在投资组合优化方面具有更高的可靠性和实用性。

AI 技术在投资组合优化方面的应用正在逐步改变投资者的决策方式。它通过对历史数据的深度分析和建模，为投资者提供了更加精准和高效的优化方案，实现了收益与风险的平衡。随着技术的不断进步和应用场景的不断拓展，AI 在投资组合优化中的作用将更加凸显，为投资者带来更加稳健和可靠的投资回报。

（五）自动化交易是 AI 驱动的投资决策革命

在投资决策的实践中，自动化交易正逐渐崭露头角，成为现代投资组合管理不可或缺的一部分。AI 技术的引入，使得资产配置策略的自动化执行成为可能，这不仅降低了交易成本，提高了投资效率，还显著减少了人为错误和情绪干扰的影响。

自动化交易的核心在于 AI 技术的精准计算与快速响应能力。首先，AI 系统能够根据预设的资产配置策略，自动监测市场动态，并实时分析各类资产的价格走势、市场波动率等关键信息。其次，一旦市场条件满足策略设定的触发条件，AI 系统将立即执行相应的交易指令，包括买入、卖出资产、调整资产配置等操作。

自动化交易的最大优势在于其高效性和精确性。由于 AI 系统能够 24 小时不间断地监测市场，因此在市场出现有利机会时，它能够迅速做出反应，并自动执行交易操作。这种高效性不仅提高了投资的灵活性和及时性，还有助于投资者抓住更多的投资机会。

更重要的是，自动化交易减少了人为错误和情绪干扰的影响。在投资决策过程中，人为因素往往难以避免，如情绪化交易、主观判断失误等。而AI系统则能够基于预设的策略进行客观、理性的决策，避免了人为因素的影响。这种客观性使得投资决策更加稳健和可靠，有助于投资者在复杂多变的市场环境中保持冷静和理性。

自动化交易是AI技术在投资决策领域的一项重要应用。它通过实现资产配置策略的自动化执行，降低了交易成本、提高了投资效率，并减少了人为错误和情绪干扰的影响。随着技术的不断进步和应用场景的不断拓展，自动化交易将在未来发挥更加重要的作用，引领投资决策进入一个全新的时代。

（六）AI技术为投资者量身定制投资方案

AI技术逐渐成为投资者不可或缺的顾问。通过深度学习和大数据分析，AI根据投资者的具体情况，提供量身定制的投资建议和策略，从而提高投资的适应性和效率。

AI技术通过收集和分析投资者的财务数据，全面了解其财务状况。这些数据包括资产规模、负债情况、现金流状况等，是评估投资者风险承受能力和制定投资策略的重要依据。AI系统能够对这些数据进行快速、准确地分析，为投资者提供一个清晰的财务状况概览。

AI技术会深入了解投资者的投资目标。不同的投资者有不同的投资需求，比如长期资本增值、短期收益最大化、风险控制等。AI系统能够与投资者进行互动，了解他们的投资目标和期望，从而制定出符合其需求的投资策略。

更重要的是，AI技术能够充分考虑投资者的风险偏好。风险偏好是指投资者在投资过程中愿意承担的风险程度，它受到投资者的性格、经验、市场环境等多种因素的影响。AI系统通过大数据分析和机器学习算法，能够准确评估投资者的风险偏好，并据此调整投资策略。例如，对于风险承受能力较低的投资者，AI可能会推荐更为稳健的投资组合，以降低投资风险；而对于风险承受能力较高的投资者，AI可能会推荐更具成长性的投资品种，以追求更高的投资收益。

在综合考虑了投资者的财务状况、投资目标和风险偏好后，AI系统能够生成个性化的投资建议和策略。这些建议不仅包括具体的资产配置方案，还包括投资时机、风险控制措施等细节。投资者可以根据这些建议进行投资决策，从而更加精准地把握市场机会，实现自己的投资目标。

AI技术为投资者提供了个性化的投资建议和策略，使投资者能够根据自己的实际情况进行投资。这种个性化方法不仅提高了投资的适应性和效率，还有助于投资者在复杂多变的市场环境中保持冷静和理性，实现稳健的投资回报。随着技术的不断进步和应用场景的不断拓展，AI将在未来为投资者提供更加精准、个性化的投资顾问服务。

（七）高频交易与量化投资是AI技术引领的精准决策新时代

在金融市场中，高频交易和量化投资正成为引领市场趋势的重要力量。这些先进的交易策略不仅要求投资者具备敏锐的市场洞察能力，还需要具备高效的决策能力和精准的数据分析能力。而AI技术的引入，正为高频交易和量化投资带来了革命性的变化。

在高频交易中，速度往往决定了成败。AI算法以其强大的计算能力和毫秒级别的响应速度，在市场中迅速捕捉微小的价格差异，为投资者提供即时的买卖决策。这种高效性使得投资者能够在极短的时间内完成大量的交易，从而获取更多的利润。

不仅如此，AI算法还能够根据市场的实时变化，自动调整交易策略。通过不断的学习和优化，AI算法能够逐渐适应市场的节奏，提高交易的准确性和稳定性。这种自适应能力使得高频交易在复杂多变的市场环境中依然能够保持竞争力。

而在量化投资方面，AI技术同样发挥了重要作用。量化投资是一种基于数学模型和数据分析的投资策略，旨在通过精确地计算和预测来发现市场中的潜在机会。AI技术可以帮助投资者开发复杂的量化模型，这些模型能够处理海量的市场数据，并从中提取出有价值的信息。

通过运用机器学习、深度学习等先进算法，AI模型能够自动识别市场中的趋势、波动和其他关键因素，并据此预测未来的市场走势。这为投资者提供了更加准确和可靠的交易信号，有助于他们更好地把握市场机会。

高频交易和量化投资正成为金融市场的重要趋势，而AI技术的引入则为这些先进的交易策略提供了强大的支持。AI技术以其高效性、自适应性和精准性，引领着金融市场进入一个精准决策的全新时代。在未来，随着技术的不断进步和应用场景的不断拓展，AI技术将在金融市场中发挥更加重要的作用，为投资者带来更多的机会和挑战。

通过以上可知，人工智能在资产配置与投资组合的智能优化中发挥了至关重要的作用。通过数据收集与处理、模式识别与预测、风险管理、投资组合优化、自动化交易、个性化投资建议以及高频交易与量化投资等方式，AI不仅提高了投资决策的效率和准确性，还降低了投资风险，为投资者带来了更好的投资体验。随着 AI 技术的不断发展和完善，其在投资决策领域的应用将更加广泛和深入。

第三节　人工智能在金融监管中的关键作用

一、合规性监控与报告自动化

人工智能（AI）在金融监管中扮演着至关重要的角色，特别是在合规性监控与报告自动化方面。以下是关于 AI 在金融监管中关键作用的具体阐述。

（一）合规性监控

1．实时分析

合规性监控是金融监管中的核心环节，旨在确保金融机构的所有活动都要遵循相关法规和政策。随着金融市场的日益复杂化和数据量的快速增长，传统的合规性监控方法已经难以满足现代金融监管的需求。而人工智能（AI）技术的引入，为合规性监控带来了革命性的变革。

实时分析是 AI 在合规性监控中的一项重要应用。传统的合规性监控往往依赖于人工审查大量的财务报表、业务操作记录和数据流，这种方式不但效率低下，且容易出错。而 AI 技术则能够实时、自动化地分析这些数据，大大提高了监控的效率和准确性。

AI 技术通过构建先进的算法和模型，对金融机构的财务报表进行深度分析。它能够自动识别财务报表中的异常数据，如收入波动、成本增加等，进而判断这些异常数据是否与潜在的违规行为有关。同时，AI 技术还能够分析财务报表中的关联性和趋势，以发现潜在的风险点和不合规行为。

除了财务报表，AI 技术还能够实时监控金融机构的业务操作和数据流向。通过对交易记录、客户数据、市场数据等的分析，AI 技术能够识别出不符合规范的交易行为，如内幕交易、洗钱行为等。这些行为往往隐藏在复杂的交易数据中，难以被人工发现。而 AI 技术则能够利用强大的计算能力和算法，快速准确地识别出这些异常行为，为监管部门提供及时的预警和线索。

实时分析的另一个重要优势是能够快速响应市场变化。金融市场是一个高度动态的环境，价格波动、政策变化等因素都可能对金融机构的合规性产生影响。

AI技术能够实时跟踪这些变化，并相应地调整监控策略和模型，确保监控的及时性和准确性。

AI技术通过实时分析在风险预警方面发挥着至关重要的作用。通过对金融机构各项指标的实时监控和分析，AI技术能够迅速识别出异常情况，并据此判断是否存在潜在风险。这些指标包括但不限于财务报表数据、业务操作记录、客户行为数据、市场数据等。AI技术利用先进的算法和模型，对这些数据进行深度的挖掘和分析，以发现潜在的风险点和不合规行为。

一旦AI技术经过实时分析识别出潜在风险，它将立即触发风险预警机制。这个机制可以是自动发送预警信息给监管机构或金融机构的管理层，也可以是自动调整监控策略和模型，以更好地应对风险。通过及时的风险预警，监管机构可以迅速了解金融机构的风险状况，并采取相应的监管措施，以防范风险的发生和扩散。

AI技术还能够根据历史数据和经验，实时分析并预测未来可能出现的风险。它通过对历史数据的分析和学习，建立风险预测模型，以预测未来可能出现的风险点和风险程度。这为监管机构提供了更加全面和准确的风险信息，有助于他们更好地制定监管政策和措施。

2. 自动化合规性检查

自动化合规性检查在金融机构的运营中扮演着至关重要的角色，它确保了机构的业务活动符合法律法规和监管要求。在这个领域中，人工智能（AI）技术的引入为自动化合规性检查带来了革命性的变化。

传统的合规性检查通常依赖于人工审查和分析，这种方法不仅耗时费力，而且容易受到人为因素的影响，导致错误和疏漏。然而，AI技术的应用彻底改变了这一局面。通过与监管规则相匹配的算法，AI技术能够自动识别和分析金融机构的交易行为和业务操作，从而判断其是否合规。

在自动化合规性检查中，AI技术首先会构建一个庞大的规则库，这个规则库包含了所有与金融机构业务活动相关的法律法规和监管要求。其次，AI技术会利用自然语言处理（NLP）和机器学习等算法，对这些规则进行深度学习和理解。这样，AI就能够准确地把握监管规则的核心要义，为后续的合规性检查提供有力的支持。

当金融机构的交易行为和业务操作发生时，AI技术会自动收集相关的数据和信息，并将其与规则库中的监管规则进行比对和分析。通过复杂的算法和逻辑判断，AI能够快速地识别出潜在的不合规行为，并向金融机构发出预警或提示。

这种自动化的检查方式不仅大大提高了检查的效率，减少了人工审查的时间和成本，而且降低了人为错误率，提高了合规性检查的准确性和可靠性。

AI 技术还能够对金融机构的交易行为和业务操作进行实时监控和分析。通过不断的学习和优化算法，AI 能够逐渐提高自身的识别能力和准确性，从而更好地适应复杂多变的市场环境和监管要求。这种智能化的合规性检查方式不仅能够帮助金融机构降低合规风险，还能够提高业务活动的透明度和规范性，进而促进金融市场的健康发展。

AI 技术在自动化合规性检查中的应用为金融机构带来了诸多便利和优势。通过与监管规则相匹配的算法，AI 技术能够自动识别和分析金融机构的交易行为和业务操作，判断其是否合规。这种自动化的检查方式不仅提高了检查的效率和准确性，还降低了人为错误率，为金融机构的合规性管理提供了有力的支持。随着技术的不断进步和应用场景的不断拓展，AI 在合规性检查中的作用将更加凸显，为金融机构的稳健运营提供更加强大的保障。

（二）报告自动化

在金融监管的领域中，报告自动化是一个至关重要的环节，它涉及金融机构向监管部门提交的各种报告，如财务报表、风险报告、合规性报告等。这些报告对于监管部门了解金融机构的运营状况、评估其风险水平以及确保其合规性具有重要意义。然而，传统的报告生成过程往往耗时耗力，且容易受到人为错误的影响。这时，AI 技术的应用便显得尤为重要。

1．数据采集

数据采集是报告自动化的第一步，也是最为关键的一步。AI 技术在这一环节中的优势尤为突出。首先，AI 技术能够自动从金融机构的系统中获取所需的数据，无须人工干预。这意味着数据采集过程可以实现 24 小时不间断进行，大大提高了数据采集的效率和准确性。

AI 技术能够自动识别和解析各种格式的数据文件，如 Excel、CSV、XML 等。这种跨格式的数据处理能力使得 AI 技术能够轻松应对金融机构复杂的数据环境，确保数据采集的完整性和准确性。

AI 技术还能够实现数据的实时更新。在金融监管领域，数据的时效性尤为重要。AI 技术可以实时跟踪金融机构的数据变化，并在需要时自动更新相关数据。这样一来，监管部门就能够及时获取最新的数据，从而更准确地评估金融机构的风险水平和合规性。

AI技术在数据采集过程中降低了人为操作错误的风险。传统的数据采集过程往往需要人工参与，这难免会出现错误或疏漏。而AI技术能够自动完成数据采集和处理过程，减少了人为因素的干扰，从而降低了人为操作错误的风险。

AI技术在数据采集环节中的应用为报告自动化提供了强大的支持。它不仅能够快速、准确地获取金融机构的相关数据，还能够确保数据采集的完整性和准确性，降低人为操作错误的风险。随着技术的不断进步和应用场景的不断拓展，AI在报告自动化中的作用将更加凸显，为金融监管领域带来更加高效、准确的解决方案。

2. 风险评估

AI技术在风险评估中的应用，主要是通过建立风险模型来实现的。这些风险模型基于大量的历史数据、市场信息和金融理论，通过深度学习、机器学习等先进技术进行训练和优化，以识别出潜在的风险因素和风险模式。与传统的风险评估方法相比，AI建立的风险模型具有更高的精准度和有效性。

AI能够处理和分析海量的数据。在风险评估过程中，数据是核心。AI技术能够自动从金融机构的系统中获取相关数据，并对这些数据进行深度分析和挖掘。这种强大的数据处理能力使得AI能够识别出传统方法难以发现的风险因素和风险模式，从而更全面地评估金融机构的风险水平。

AI能够建立更加精准的风险模型。传统的风险评估方法往往基于一些固定的指标和公式，这种方法虽然简单易行，但可能无法适应复杂多变的金融市场环境。而AI技术则能够根据历史数据和实时信息，自动调整和优化风险模型，以更准确地预测和评估金融机构的风险水平。这种自适应性和灵活性使得AI在风险评估中更具优势。

AI能够提高风险评估的效率和速度。传统的风险评估方法需要人工进行大量的数据分析和计算，这种方法既耗时又耗力。而AI技术则能够自动完成这些工作，并在短时间内生成风险评估报告。这不仅提高了风险评估的效率，还使得监管部门能够更及时地了解金融机构的风险状况，并采取相应的监管措施。

AI能够提高风险评估的精准度和有效性。通过深度学习和机器学习等技术，AI能够识别出潜在的风险因素和风险模式，并对其进行量化评估。这使得监管部门能够更准确地了解金融机构的风险水平，并制定相应的监管政策和措施。同时，AI还能够对金融机构的风险状况进行实时监测和预警，及时发现潜在的风险问题并采取相应的应对措施，从而确保金融市场的稳定和安全。

3. 报告生成

在金融监管的繁忙工作中，报告生成是一项繁重而关键的任务。传统的报告生成过程往往需要人工收集、整理和分析大量数据，不仅耗时费力，而且容易出错。然而，随着人工智能（AI）技术的广泛应用，报告生成工作正经历着前所未有的变革。

AI技术在报告生成方面的应用，极大地提高了报告的准确性和及时性。首先，AI 技术能够自动化地收集和整理金融机构的相关信息。通过智能算法和数据分析工具，AI 可以实时从金融机构的系统中抓取数据，自动分类、整理并校验数据的准确性。这种自动化的数据收集过程不仅大大减少了人工操作，还降低了人为操作错误的风险。

AI 技术能够生成标准化的监管报告。在金融监管领域，报告的格式和内容通常都有严格的规定和要求。AI 技术可以根据监管部门的要求，自动将收集到的数据填入相应的报告模板中，生成符合规定的监管报告。这种标准化的报告生成方式不仅提高了报告的一致性和可比性，还使得监管部门能够更快速地理解和分析报告内容。

AI 技术还能够对报告进行自动审核和校验。通过自然语言处理、机器学习等技术，AI 可以自动检查报告中的数据、文字和格式是否符合要求，发现潜在的错误和疏漏。这种自动审核和校验过程不仅提高了报告的准确性，还降低了监管部门的工作压力，使其能够更专注于对金融机构的风险评估和监管工作。

AI 技术在报告生成方面的应用为监管部门带来了诸多便利。通过自动化系统地收集和整理金融机构的相关信息，生成标准化的监管报告，AI 技术不仅提高了报告的准确性和及时性，还减少了监管部门的工作压力，提高了报告的一致性和可比性。随着技术的不断进步和应用场景的不断拓展，AI 在报告生成中的作用将更加凸显，为金融监管领域带来更加高效、准确的解决方案。

二、反欺诈与反洗钱技术的智能升级

在金融监管中，人工智能（AI）技术的关键作用不容忽视，特别是在反欺诈与反洗钱技术的智能升级方面。

（一）反欺诈管理

随着金融市场的不断发展，欺诈行为也日益复杂多变，传统的反欺诈手段已经难以满足当前的需求。而 AI 技术的引入，为反欺诈管理带来了革命性的改变。

AI 技术能够对交易行为、用户行为等进行全面细致的分析，并从中智能识别出潜在的欺诈行为。例如，在身份欺诈的识别上，AI 技术可以通过智能比对客户的证件、地址、电话等个人信息，发现与已知欺诈模式相匹配的行为，从而有效识别出身份欺诈行为。这种智能识别的方法不仅提高了识别的准确性，还大大提高了反欺诈的效率。据统计，AI 在反欺诈方面的应用已经显著降低了金融欺诈案件的发生率，为金融机构的稳健运营提供了有力保障。

（二）反洗钱技术

洗钱行为是金融市场中一种严重的违法行为，对于金融机构和整个金融市场的稳定都具有极大的威胁。为了有效预防和打击洗钱行为，AI 技术在反洗钱技术中发挥了重要作用。AI 技术能够实时监测和分析金融机构的交易数据，通过复杂的算法和模型，识别出异常或可疑的交易行为。这些异常行为可能包括大额资金的快速转移、频繁的资金交易、与高风险地区或个人的资金往来等。一旦识别出这些异常行为，AI 技术可以立即发出预警，并采取相应的措施进行进一步的调查和处理。AI 技术对于深度伪造图像和视频的识别能力也为反洗钱技术提供了有力支持。随着技术的发展，一些犯罪分子开始利用 AI 技术生成虚假的图像和视频来骗过银行的安全系统。然而，AI 技术同样具备对这些虚假内容的识别能力，能够及时发现并阻止这些欺诈行为的发生。

（三）智能识别与预测在反欺诈和反洗钱技术中的重要作用

通过 AI 技术的应用，金融监管机构能够更加有效地识别出潜在的欺诈和洗钱行为，保障金融市场的稳定和健康发展。

反欺诈与反洗钱是金融监管领域至关重要的两个方面，旨在确保金融体系的公平性和透明性，同时保护消费者和投资者的利益。在这个领域，人工智能（AI）技术正发挥着越来越重要的作用，其强大的数据处理能力和模式识别能力使得欺诈和洗钱行为无处遁形。

AI 在反欺诈检测方面展现出了卓越的性能。通过深度学习、机器学习等先进技术，AI 能够分析大量的交易数据、用户行为数据以及其他相关信息，以识别出潜在的欺诈行为。例如，AI 可以分析用户的交易模式，包括交易频率、交易金额、交易对象等，如果某个用户的交易模式与常规模式存在显著差异，那么 AI 就能够迅速识别出这种异常，并发出预警。

AI 还能够分析用户的行为数据，如登录时间、登录地点、操作习惯等，以识别出潜在的欺诈风险。例如，如果一个用户的账户突然在异地登录，或者频繁更换登录设备，这些异常行为都可能表明该用户的账户存在被盗用的风险。AI能够及时发现这些异常行为，并采取相应的措施，如要求用户进行二次验证或暂时冻结账户，以防止欺诈行为的发生。

在反洗钱方面，AI同样发挥着重要作用。洗钱行为通常涉及大量的资金转移和复杂的交易网络，传统的反洗钱方法难以应对这种复杂的局面。而AI技术则能够通过对交易数据的深度分析和挖掘，发现隐藏在复杂交易网络中的洗钱行为。例如，AI可以分析资金的来源和去向，如果发现某笔资金来自可疑的账户或流向了可疑的账户，那么AI就能够识别出这种异常，并发出预警。

AI还能够通过与其他信息源的关联分析，如与政府部门、公安机关等的数据共享，发现更多的洗钱线索。这些线索有助于监管部门更准确地识别洗钱行为，并采取相应的措施进行打击。

AI在反欺诈与反洗钱领域的应用为金融机构和监管部门提供了强大的支持。它不仅能够快速准确地识别出潜在的欺诈和洗钱风险，还能够及时预警并采取相应的措施，有效地维护了金融市场的公平性和透明性。随着技术的不断进步和应用场景的不断拓展，AI在反欺诈与反洗钱领域的作用将更加凸显，为金融市场的稳定和安全提供有力保障。

第四章　人工智能技术在教育领域的应用

第一节　人工智能技术在个性化学习中的应用

一、学生学习风格的智能识别与个性化教学路径设计

人工智能技术在个性化学习中的应用，通过智能识别学生的学习风格和提供个性化的教学路径设计，为学生提供了更加精准、高效和有针对性的学习支持。这不仅有助于提高学生的学习效果和兴趣，还有助于培养学生的自主学习能力和终身学习的习惯。

（一）学生学习风格的智能识别

1. 数据收集

在现代教育环境中，数据收集是人工智能技术在个性化学习中的第一步，也是至关重要的一步。通过集成先进的传感器、摄像头和虚拟现实（VR）设备等技术手段，能够全面、细致地捕捉到学生在学习过程中的多种数据。

眼动数据是通过安装在设备上的眼动追踪器收集的。这种技术可以追踪学生的眼球运动，从而了解其在学习材料上的注视点、注视时间和注视顺序。这些数据能够揭示学生的注意力分布和专注程度，帮助教师了解学生对特定内容的兴趣点和困惑点。

行为数据是通过学生在学习平台上的互动和操作来收集的。例如，学生点击的按钮、浏览的页面、完成的练习题等都会产生行为数据。这些行为数据可以揭示学生的学习习惯、学习速度和学习效果，帮助教师了解学生的学习进度和困难所在。

语音数据也是重要的数据来源之一。通过语音识别技术，可以将学生的口头回答、讨论和提问转化为文本数据进行分析。这种数据可以揭示学生的语言表

达能力、思维逻辑和知识储备，还可以帮助教师评估学生的口语表达能力和思维深度。

这些数据的收集不仅丰富了对学生学习过程的认识，还为后续的数据分析和个性化教学提供了有力的支持。通过对这些数据的深入分析，可以更准确地了解学生的学习风格、兴趣偏好和困难所在，从而为其提供更加精准、个性化的学习支持。

2. 数据分析

在个性化学习的背景下，数据分析是连接数据收集与个性化教学路径设计的桥梁。这一过程中，借助机器学习算法和数据挖掘技术，深入挖掘学生学习过程中隐藏的规律和特点。

数据预处理是数据分析的起始步骤。由于收集到的数据可能包含噪声、缺失值或不一致的格式，需要对数据进行清洗、转换和标准化，以确保其质量和可用性。

利用机器学习算法，能够对学生的学习数据进行模式识别。这些算法可以自动寻找数据中的模式、趋势和关联，揭示学生在学习过程中的行为习惯、认知风格和学习速度等。例如，通过分析学生的眼动数据，可以识别出其在阅读文本时的注视模式，进而推断出其阅读偏好和策略。

学习风格分析也是数据分析的重要组成部分。学习风格是学生在学习和信息处理过程中所表现出的稳定且独特的方式和偏好。通过分析学生的行为数据、语音数据和眼动数据等，可以了解学生的学习风格，如视觉型、听觉型或动手型等。这有助于教师更准确地把握学生的学习需求和偏好，从而为其提供更加个性化的教学支持。

在数据分析的过程中，还需要关注数据的可视化。通过将分析结果以图表、图像或动画等形式展示，可以更直观地了解学生的学习情况。这不仅有助于教师快速理解分析结果，还能激发学生的学习兴趣和动力。

数据分析的结果将直接应用于个性化教学路径的设计。通过深入了解学生的学习习惯和偏好，可以为其提供更加符合其学习特点的教学资源、学习方法和学习节奏。这将有助于提高学生的学习效果和满意度，促进全面发展。

3. 结果展示

在数据分析完成后，将分析结果以直观、易于理解的可视化形式展示给教师和学生，是确保个性化学习取得实效的关键环节。这种可视化的结果展示不仅有助于教师和学生更清晰地理解学生的学习风格，还能促进双方之间的沟通和交流，共同推动学习过程的优化。

结果展示能够直观地呈现学生的学习风格。通过图表、图像、热力图等形式，可以将学生在不同学习领域、不同学习场景下的表现进行可视化。例如，可以展示学生在阅读、写作、数学等方面的偏好和优势，以及其在课堂上、自主学习时和协作学习中的行为特点。这种直观的结果展示能够帮助教师快速把握学生的学习风格，为其制定更具针对性的教学策略。

结果展示还有助于教师调整教学策略。在了解学生的学习风格后，教师可以根据这些分析结果来调整自己的教学策略。例如，对于视觉型学习者，教师可以采用更多图文并茂的教学材料；对于听觉型学习者，教师可以增加音频和口头讲解的内容；对于动手型学习者，教师可以设计更多实践性和操作性的学习活动。这种基于学生学习风格的教学策略调整，能够使教学更加符合学生的学习特点，提高教学效果和满意度。

结果展示还能帮助学生更好地理解自己的学习风格。通过查看自己的分析结果，学生可以更清楚地认识自己在学习中的优势和不足，以及自己的学习偏好和习惯。这将有助于学生制订更加个性化的学习计划，选择更适合自己的学习方法和资源。同时，学生还可以根据自己的学习风格来调整自己的学习策略，提高学习效率和学习质量。

结果展示能够促进教师和学生之间的沟通和交流。通过共同查看和分析学生的学习风格结果，教师和学生可以就教学策略、学习方法和资源选择等方面进行深入的讨论和交流。这种基于数据的沟通和交流能够增进师生之间的理解和信任，促进教学相长和学习共进。同时，学生还可以根据教师的建议和指导来进一步完善自己的学习计划和策略。

结果展示是将数据分析结果转化为实际教学行动的关键步骤。通过以可视化的形式展示学生的学习风格分析结果，可以帮助教师和学生更好地理解学生的学习特点，促进教学策略的调整和优化，提高教学效果和学习质量。

（二）个性化教学路径设计

1. 资源推荐

在个性化学习的环境中，资源推荐是一个至关重要的环节。基于学生的历史学习数据和兴趣，可以利用先进的机器学习和算法技术来实现精确的资源推荐。这样的系统不仅能够帮助学生节省大量的时间和精力，更能确保其找到最适合自己的学习材料，从而提高学习效率和兴趣。

系统会对学生的历史学习数据进行深入分析。这些数据包括学生过去的学习成绩、学习进度、学习时长、学习偏好等。通过对这些数据的挖掘，系统能够全面了解学生的学习能力和学习风格，为后续的资源推荐提供有力的支持。

系统会根据学生的兴趣和需求进行资源筛选。通过收集学生的兴趣爱好、学习目标和需求等信息，系统能够构建出学生的个性化需求模型。基于这个模型，系统能够在庞大的资源库中筛选出符合学生需求的资源，为后续的推荐做好准备。

系统利用机器学习和算法技术实现资源推荐。在这个过程中，系统会对学生的历史学习数据和兴趣进行建模，并训练出一个能够预测学生对每种资源偏好的模型。当有新资源加入时，系统会根据这个模型对资源进行评分和排序，然后推荐给学生最匹配的资源。

这样的资源推荐系统具有高度的精确性和个性化。它不仅能够根据学生的历史学习数据和兴趣进行推荐，还能够根据学生的实时反馈进行动态调整。例如，当学生在使用某个资源时表现出较高的兴趣时，系统会增加对该资源的推荐权重；反之，当学生对某个资源不感兴趣时，系统会降低其推荐权重。

通过精确的资源推荐，学生能够更快地找到最适合自己的学习材料，从而提高学习效率和兴趣。同时，这样的系统还能够为教师提供有价值的教学参考，帮助其更好地了解学生的学习情况和需求，为制定更具针对性的教学策略提供依据。

基于学生历史学习数据和兴趣的资源推荐系统是实现个性化学习的关键环节之一。它能够帮助学生找到最适合自己的学习材料，提高学习效果和兴趣；同时能够为教师提供有价值的教学参考，促进教学相长和学习共进。

2. 智能辅导

在现代教育领域中，人工智能系统的应用日益广泛，特别是在个性化学习辅导方面展现出了巨大的潜力。这些人工智能系统能够深入“衡量学生的学习风格和已经掌握的知识”，从而为学生提供量身定制的支持和指导。这种智能辅导不仅提高了学生的学习效率，还激发了学习兴趣和动力。

智能辅导系统通过分析学生的学习数据和行为模式，来评估学习风格。每个学生的学习风格都是独特的，有的人喜欢通过阅读来获取知识，有的人则更喜欢通过动手实践来学习。智能辅导系统能够识别出这些差异，并根据学生的学习风格来提供相应的学习资源和辅导策略。这样，学生可以以更自然、更舒适的方式进行学习，提高学习效果。

智能辅导系统还能够精确评估学生已经掌握的知识水平。通过对学生历史学习数据的分析，系统可以了解学生在各个学科和知识点上的掌握情况。基于这些评估结果，系统能够为学生制订个性化的学习计划，确保学生在学习中能够循序渐进、稳步提升。同时，系统还会根据学生的学习进度和反馈，动态调整学习计划和辅导策略，确保学习效果达到最大化。

在智能辅导的过程中，系统还会针对学生的问题提供解决方案。当学生在学习过程中遇到难题时，智能辅导系统能够迅速识别出问题的本质和关键点，并为学生提供清晰、准确的解答。这些解答不仅能够帮助学生解决当前的问题，还能够引导其深入思考、拓展思路。

智能辅导系统还会为学生提供额外的练习和反馈。根据学生的学习进度和评估结果，系统会为学生推荐适合的练习题和作业，帮助其巩固所学知识、提高解题能力。同时，系统还会对学生的练习和作业进行自动批改和反馈，让学生及时了解自己的学习情况和问题所在。这种及时的反馈能够帮助学生及时调整学习策略、改进学习方法。

智能辅导系统通过深入分析学生的学习数据和行为模式，为其提供量身定制的学习资源和辅导策略。这种个性化的辅导方式不仅能够提高学生的学习效率和兴趣，还能够激发学习潜力和创造力。随着人工智能技术的不断发展，智能辅导系统将在未来的教育领域中发挥更加重要的作用。

3. 学习进度管理

在个性化学习的框架中，学习进度管理是一个至关重要的环节。借助先进的人工智能和智能算法，系统能够精确地跟踪每位学生的学习进度，并根据学生的实际情况自动调整学习内容的难度和进度。这种灵活而智能的管理方式，旨在确保学生能够按照自己的节奏和能力，高效、有序地进行学习。

智能算法通过持续收集和分析学生的学习数据，对学生的学习进度进行实时监控。这些数据包括学生的练习完成情况、测试成绩、学习时长等，它们为系统提供了关于学生学习状态的宝贵信息。基于这些数据，系统能够评估学生的学习速度和掌握程度，从而为学生制定个性化的学习路径。

系统会根据学生的学习进度和能力水平，自动调整学习内容的难度和进度。当学生表现出对某一知识点的熟练掌握时，系统会适当增加难度，提供更多具有挑战性的学习材料，以激发学生的学习潜力和兴趣。相反，如果学生在某一知识点上遇到困难或进展缓慢时，系统则会降低难度，为其提供更为详细和基础的解释和练习，帮助学生逐步建立自信和理解。

学习进度管理还强调了学生的自主性和参与性。学生可以根据自己的实际情况和需求，调整学习进度和计划。系统会根据学生的选择和反馈，灵活调整学习内容的呈现方式和顺序，确保学生能够在舒适和高效的学习环境中进行学习。

通过智能算法的支持，学习进度管理能够实现对学生学习进度的精确掌控和灵活调整。这种个性化的管理方式不仅提高了学生的学习效率和质量，还为学生提供了更多的学习选择和自主权。同时，它也为教师提供了宝贵的教学参考和依据，帮助其更好地了解学生的学习情况和需求，为制定更加精准和有效的教学策略提供支持。

4. 多维度能力评估

在当今的教育领域中，对于学生的评价不再局限于传统的学业成绩，而是更加注重对学生综合素质和多元能力的全面评估。智能学习系统通过引入多维度能力评估机制，旨在全面展现学生的学习潜力和优势，为教师和学生提供更深入、更全面的学习和发展指导。

除关注传统的学业成绩外，系统还会着重评估学生的思维、创新和沟通等多元维度。在思维方面，系统会通过设计富有挑战性的题目和情境，来考查学生的逻辑思维、批判性思维和创造性思维。这些思维能力对于学生的问题解决能力、创新能力和终身学习能力都具有重要意义。

在创新方面，系统鼓励学生提出新的想法和解决方案，通过实践项目、创新竞赛等方式来检验学生的创新能力。同时，系统还会对学生的创新成果进行展示和评价，让学生感受到创新的乐趣和价值。这种创新能力的培养，不仅有助于学生在学术领域的突破，还能够为其未来的职业发展和社会适应能力奠定坚实基础。

在沟通方面，系统通过在线讨论、小组合作等方式，鼓励学生积极参与交流和互动。系统会对学生的沟通表现进行评估，包括表达的清晰度、逻辑性和说服力等方面。这种沟通能力的培养，有助于学生更好地表达自己的观点和想法，增强团队合作和协作能力，为其未来的职业发展和社会交往打下坚实基础。

多维度能力评估的实施，有助于教师更全面地了解学生的学习情况和发展潜力。教师可以通过系统提供的数据和分析结果，深入了解学生在各个维度上的优势和不足，从而制定更加全面和有针对性的教学策略。这种教学策略的制定，不仅有助于提高学生的学习成绩，还能够促进学生在多元能力方面的全面发展。

多维度能力评估是智能学习系统的重要组成部分，它有助于全面展现学生的学习潜力和优势，为教师和学生提供更深入、更全面的学习和发展指导。通过这种评估方式，能够更好地了解学生的学习情况和发展需求，为其提供更加精准和个性化的教育支持。

5. 实时反馈

在个性化学习的浪潮中，实时反馈成了一个不可或缺的环节。借助先进的人工智能技术，智能学习系统能够为学生提供及时、精确且富有意义的反馈，这种反馈机制极大地促进了学生的学习效率和效果。

实时反馈能够帮助学生及时了解自己的学习状况。在学习过程中，学生常常需要了解自己的掌握程度，以便及时调整学习策略。传统的反馈方式，如课后作业批改、考试分数等，往往具有滞后性，无法满足学生的即时需求。而智能学习系统通过实时监控学生的学习行为和数据，能够在学生完成学习任务后立即提供反馈，使学生能够在最短的时间内了解自己的学习状态。

实时反馈具有针对性和精确性。智能学习系统利用人工智能技术对学生的学习数据进行分析，能够准确识别出学生的错误和不足之处，并为其提供有针对性的反馈。这种反馈不仅指出了学生的错误，还提供了改正的建议和方法，有助于学生更快地找到问题所在，并采取相应的措施进行改进。

实时反馈还富有意义，能够激发学生的学习动力。当学生得到及时的反馈和认可时，其会感到自己的努力得到了回报，从而更加积极地投入学习中。同时，有意义的反馈还能够帮助学生建立正确的学习态度和价值观，培养自主学习能力和终身学习的习惯。

实时反馈的实施需要教师和技术人员的共同努力。教师需要关注学生的学习情况，并根据系统的反馈结果及时调整教学策略。而技术人员则需要不断优化算法和界面设计，确保系统能够准确、高效地为学生提供反馈。

实时反馈是智能学习系统的重要功能之一，它有助于学生及时了解自己的学习状况，调整学习策略，提高学习效果。通过为学生提供及时、精确且富有意义的反馈，智能学习系统能够更好地满足学生的个性化需求，促进全面发展。

二、基于大数据的学生学习进度跟踪与个性化反馈

（一）学习进度跟踪

在个性化学习的领域中，人工智能技术发挥着至关重要的作用，其中学习进度跟踪是这一过程中的核心环节。借助先进的智能算法，系统能够实时、连续地跟踪每一位学生的学习进度，从而深入了解学习状态。

学习进度跟踪的实现依赖于对学生学习数据的全面分析。系统能够实时收集

并整合学生的学习数据，包括学习时长、完成任务的速度、正确率等关键指标。这些数据不仅反映了学生当前的学习水平，还揭示了学习习惯、学习偏好等潜在信息。

利用大数据分析技术，系统对这些学习数据进行深度挖掘和分析。通过对学生学习行为的细致观察，系统能够发现学生的学习模式、知识掌握情况等关键信息。这些信息为系统提供了重要的参考依据，使其能够更准确地评估学生的学习进度和学习效果。

基于对学生学习数据的深度分析，系统能够预测学生的学习趋势。通过分析学生的历史学习数据和当前学习状态，系统能够预测出学生未来可能的学习表现和发展方向。这种预测能力使系统能够提前发现学生的学习问题，并提前进行干预和调整。

根据学生的学习进度和预测结果，系统能够智能地调整学习内容的难度和进度。对于学习能力较强的学生，系统可以提供更具挑战性的学习内容和任务，以激发学习潜力和兴趣；对于学习能力较弱的学生，系统则可以提供更为基础、易于理解的学习内容，帮助其逐步建立知识体系。

这种学习进度跟踪的方式不仅有助于教师更全面地了解学生的学习情况，制订更合理的教学计划和教学策略；还能帮助学生自己认识到学习中的不足和问题，从而及时调整学习策略，提高学习效率。通过系统提供的个性化学习资源和建议，学生能够更加自主地掌握学习节奏，实现个性化学习的目标。

（二）个性化反馈

在个性化学习的框架中，基于学习进度跟踪的结果，系统能够为学生提供独特且富有价值的个性化反馈。这种反馈不仅打破了传统教育中单一、笼统的评价方式，还深入到学生学习行为的方方面面，对学生的学习风格、学习能力以及学习成效进行全面而细致的评价。

系统利用人工智能的机器学习算法，对学生的学习数据进行深度挖掘。这些学习数据包括但不限于学习时长、任务完成速度、答题正确率等，它们共同构成了学生学习行为的全貌。通过机器学习算法，系统能够智能地识别出学生的学习特点和问题所在，从而为后续的反馈提供精准的数据支持。

在反馈内容上，系统不仅给出简单的分数或等级，更关注学生在学习过程中的具体表现。系统会对学生的学习行为、学习风格以及学习能力进行全面的评价，并据此提供具体的建议和指导。例如，对于在某个知识点上掌握不佳的学生，系统不仅会指出问题所在，还会推荐相关的学习资源、练习题目或者解题技巧，以帮助学生加强理解和巩固知识。

个性化反馈的及时性是其显著特点之一。系统能够在学生完成学习任务后立即提供反馈，让学生及时了解到自己的学习状况。这种及时的反馈有助于学生快速识别自己的学习问题，从而调整学习策略，避免走弯路。同时，及时的反馈还能够增强学生的自信心和学习动力，让其更加积极地投入学习中去。

个性化反馈是人工智能技术在个性化学习中的一大亮点。它通过深度分析学生的学习数据，提供全面而精准的反馈，帮助学生更好地了解自己的学习状况，从而更加高效地提高学习效果。这种反馈方式不仅具有针对性和时效性，还能够激发学生的学习兴趣和动力，为学习之路提供有力的支持。

（三）效果与意义

在个性化学习的领域中，学习进度跟踪和个性化反馈的结合，借助人工智能技术的力量，展现出令人瞩目的效果与深远的意义。

通过学习进度跟踪和个性化反馈，人工智能技术真正实现了个性化学习的理念。每一位学生都是独一无二的，学习需求、能力、兴趣和风格各不相同。而人工智能系统能够精准地把握这些差异，为每位学生量身定制学习资源和建议。这不仅确保了每位学生都能得到适合自己的学习材料，还使得学习更加贴合实际情况，从而更有效地提高学习效率。

对于教师而言，这种基于大数据的学生学习进度跟踪与个性化反馈具有极高的实用价值。在传统的教学模式中，教师往往难以全面了解每一位学生的学习情况，难以做到因材施教。而现在，通过人工智能技术，教师可以轻松地获取学生的学习数据，了解学习进度、难点和优势。这使得教师能够更全面地了解学生的学习情况，从而制订更合理的教学计划，实现因材施教。同时，这种反馈机制也有助于教师及时调整教学策略，提高教学质量。

对于学生而言，个性化学习的方式具有极大的吸引力。在这种学习方式下，学生不再是被动的接受者，而是成为学习的主动参与者。其可以根据自己的兴趣和需求选择学习内容，根据自己的学习进度调整学习节奏。同时，个性化的反馈机制能够让学生及时了解自己的学习状况，发现自己的优点和不足，从而更加主动地调整学习策略，提高学习效率。这种学习方式能够激发学生的学习兴趣和主动性，使其在学习过程中更加积极、自主。

由上可知，学习进度跟踪和个性化反馈的结合，借助人工智能技术的力量，为个性化学习提供了强有力的支持。它不仅提高了学习效果，还优化了教学过程，激发了学生的学习兴趣和主动性。随着技术的不断发展和完善，相信这种个性化学习的方式将在未来得到更广泛的应用和推广。

三、利用 AI 技术实现的自适应学习系统与智能推荐资源

自适应学习系统与智能推荐资源是人工智能技术在个性化学习中的两大重要应用。它们通过个性化的学习体验和资源推荐，帮助学生更好地发挥自己的学习潜力，提高学习效率。

（一）自适应学习系统

自适应学习系统，作为人工智能技术在教育领域的一大突破，其核心理念在于根据每位学生的独特学习需求和能力来制定个性化的学习体验。这一系统通过深入分析学生的学习数据，如测试成绩、作业完成质量、学习时长以及互动参与度等，来全面评估学生的学习状态，并据此为其量身打造专属的学习路径和教学内容。

自适应学习系统的最大优势在于其高度的灵活性和个性化。与传统的“一刀切”教学模式不同，该系统能够精准识别每个学生的学习差异，并提供相应的学习资源和策略。对于学习能力强、进步迅速的学生，系统会提供更高层次、更具挑战性的学习材料，以进一步激发学习潜力和探索欲望；而对于那些在学习上遇到困难、进度稍慢的学生，系统则会提供更加基础、易于理解的学习内容，并辅以个性化的辅导和支持，帮助其逐步建立学习信心，克服学习障碍。

在自适应学习系统中，学生的学习进度是实时跟踪和动态调整的。系统会根据学生的学习表现和反馈，不断调整教学策略和难度设置，以确保学习内容的适宜性和挑战性。这种动态调整的能力使得学习过程更加高效，能够最大限度地利用学生的时间和精力，提高学习效率。

自适应学习系统还具备强大的数据分析和预测能力。通过对大量学习数据的分析和挖掘，系统能够预测学生的学习趋势和可能遇到的问题，并提前为其提供相应的帮助和支持。这种预见性的教学方式能够帮助学生更好地规划学习路径，避免走弯路，实现更高效地学习。

自适应学习系统以其高度灵活性和个性化的学习体验，为每个学生提供了量身定制的学习资源和策略，帮助其充分发挥自己的学习潜力，实现更高效、更有质量的学习。

（二）智能推荐资源

智能推荐资源是人工智能技术在个性化学习中的一项创新应用，它通过深入剖析学生的学习数据、兴趣爱好以及学习需求，为学生推荐一系列高度个性化的学习资源。这些资源涵盖了课程视频、学习资料、在线练习等多种形式，旨在帮助学生更全面地理解和掌握知识点，从而提升学习效果。

智能推荐资源的实现离不开强大的数据分析和机器学习算法的支持。系统首先会收集并处理大量的学生数据，这些数据可能包括学生的学习成绩、作业完成情况、学习时长、互动记录等。通过对这些数据的深入挖掘和分析，系统能够建立起每个学生的准确用户画像，了解学习特点、兴趣爱好以及学习需求。

其次，机器学习算法会根据用户画像，结合已有的资源数据库，为学生推荐最适合学习资源。这些推荐资源不仅与学生的学习需求相匹配，还能根据学生的学习进度和能力水平进行动态调整。例如，对于已经掌握某个知识点的学生，系统可能会推荐更高层次的学习内容，以进一步激发学习潜力；而对于在某个知识点上存在困难的学生，系统则会推荐更加基础、易于理解的学习资源，帮助其逐步建立学习信心。

智能推荐资源的好处在于其针对性和个性化。通过为学生提供量身定制的学习资源，系统能够更好地满足学生的个性化需求，帮助其更加高效地学习。此外，这种推荐方式还能够为学生提供丰富多样的学习选择，激发学习兴趣和积极性。学生可以根据自己的兴趣爱好和学习需求，选择适合自己的学习资源，从而更加主动地参与到学习中来。

智能推荐资源是人工智能技术在个性化学习中的一项重要应用，它通过数据分析和机器学习算法，为学生推荐高度个性化的学习资源，帮助其更好地理解和掌握知识点，提升学习效果。同时，这种推荐方式还能够激发学生的学习兴趣和积极性，促进主动学习。

第二节 人工智能技术在智能辅导中的应用

一、智能辅导机器人的设计与实现

智能辅导机器人的设计与实现是一个融合了多个技术领域的综合性任务。这一过程中，不仅需要考虑技术的实现，还需要深入理解教育领域的实际需求，以确保机器人能够满足学生和教师的期望。

（一）需求分析

1. 自动答疑能力

智能辅导机器人的核心功能之一是其自动答疑能力，通过利用自然语言处理、信息检索和语义理解等技术，机器人能够准确理解学生的问题，并快速、准确地给出参考答案，从而帮助学生更好地学习和掌握知识。

为了实现自动答疑能力，智能辅导机器人首先需要能够准确理解学生提问的意图。这涉及自然语言处理（NLP）技术的应用。NLP 技术使机器人能够解析学生输入的文本，识别其中的关键词、短语和语法结构，从而理解问题的含义和上下文。

一旦机器人理解了问题的意图，它就需要从庞大的知识库中检索相关信息，并生成准确的答案。这要求机器人具备高效的信息检索能力。信息检索技术使机器人能够在短时间内从海量的学习资源中筛选出与问题相关的内容，并提取出最相关的知识点。

智能辅导机器人还需要具备语义理解和推理能力。这意味着机器人不仅要能够回答直接的问题，还要能够理解问题的深层含义，并推导出相关的知识点和解答思路。这种能力使得机器人能够处理更加复杂和抽象的问题，从而提供更全面和深入的解答。

为了实现这些功能，智能辅导机器人通常结合了多种技术和算法。例如，它可能使用深度学习模型来训练语言理解模型，使其能够更准确地识别和理解学生的问题。同时，它还可能使用信息检索算法来优化知识库的检索过程，提高答案的准确性和相关性。

2. 个性化学习辅助

在智能辅导机器人的众多功能中，个性化学习辅助无疑是其最具吸引力和创新性的一个方面。这一功能的核心在于机器人能够根据学生的独特学习习惯、当前的知识水平以及个人的兴趣爱好等因素，为其量身定制学习计划和推荐学习资源。

机器人通过收集和分析学生的学习数据，如学习时长、学习进度、测试成绩等，来构建每个学生的个性化学习画像。这个画像能够全面反映学生的学习状况和能力水平，为后续的个性化学习辅助提供数据支持。

基于学生的个性化学习画像，机器人会运用先进的算法和模型，如推荐系统、机器学习等，来制订个性化的学习计划和推荐学习资源。这些计划和资源不仅与学生的当前知识水平相匹配，还充分考虑了学习习惯和兴趣爱好，从而确保学生能够在最适合自己的学习环境中高效学习。

例如，对于喜欢通过观看视频来学习的学生，机器人可能会推荐一系列与当前学习主题相关的视频教程；而对于喜欢通过阅读来学习的学生，机器人则会推荐一些经典的书籍或文章。此外，机器人还会根据学生的学习进度和反馈，动态调整学习计划和推荐资源，以确保学生能够持续获得最佳的学习效果。

个性化学习辅助的优势在于它能够充分满足学生的个性化需求，提高学习效果，并激发学习兴趣。与传统的“一刀切”教学模式相比，个性化学习辅助更能够关注学生的个体差异，使每个学生都能够在最适合自己的学习环境中成长和进步。

3. 实时互动能力

在智能辅导中，机器人的实时互动能力显得尤为重要。这种能力允许机器人与学生进行及时的沟通，通过自然语言对话等方式，实现与学生之间的流畅交流。为了实现这一功能，机器人必须具备高度发达的人机对话系统设计和先进的交互技术。

人机对话系统的设计是机器人实时互动能力的核心。这一系统需要能够准确识别和理解学生的语言输入，无论是问题、请求还是简单的聊天语句。通过自然语言处理技术，机器人可以解析学生的语句，捕捉其语义和意图，并据此作出恰当的回应。同时，对话系统还需要具备上下文理解能力，以便在持续的对话中保持连贯性，避免信息的断裂或误解。

除了对话系统的设计，交互技术也是实现实时互动的关键。机器人需要采用直观的界面和友好的交互方式，以降低学生的使用难度，提升互动体验。例如，通过触摸屏、语音识别等技术，学生可以轻松地与机器人进行交互，无论是提出问题、寻求帮助还是分享想法。

机器人的实时互动能力不仅限于语言交流。它还可以通过多种方式给予学生及时的反馈和指导。例如，当学生在学习中遇到难题时，机器人可以通过图形、动画或视频等形式，提供直观的解题思路和步骤。这种多媒体的交互方式能够更生动地展现知识点，帮助学生更好地理解和掌握。

机器人的实时互动还能为远程学习提供有力支持。在在线学习环境中，学生可能无法及时获得教师的面对面指导。而具备实时互动能力的机器人则可以填补这一空白，为学生提供即时的学习支持和帮助。

4. 情感交流能力

在智能辅导领域，情感交流能力为机器人赋予了更深层次的人性化特质。一些高级的智能辅导机器人不仅能够进行知识传授和学习辅助，还能够感知学生的情感状态，并根据学生的情感变化给予相应的情感支持和激励。这种能力使得机器人与学生之间的互动更加自然、真实，有助于建立更加紧密的学习伙伴关系。

为了实现情感交流能力，机器人需要运用情感计算和情感交互技术。情感计算是一种跨学科的技术，它融合了计算机科学、心理学和认知科学等多个领域的知识，旨在让机器人能够理解和模拟人类的情感。通过情感计算技术，机器人可以分析学生的语言、面部表情、声音语调等多维度信息，从而感知学生的情感状态。

一旦机器人感知到学生的情感状态，它就需要运用情感交互技术来与学生进行情感交流。情感交互技术涉及多种策略和方法，包括情绪识别、情绪理解和情绪响应等。机器人需要识别学生的情绪，理解其背后的原因，并据此给出合适的情感支持和激励。例如，当学生表现出沮丧或挫败时，机器人可以给予鼓励的话语和正面的反馈，帮助学生重拾信心；当学生表现出喜悦或兴奋时，机器人可以分享喜悦，进一步激发学生的学习兴趣。

情感交流能力的应用场景非常广泛。在学习过程中，学生可能会遇到各种困难和挑战，这些困难和挑战往往伴随复杂的情感波动。通过情感交流能力，机器人可以更加深入地了解学生的内心世界，为其提供更加贴心、个性化的学习支持。此外，情感交流能力还有助于培养学生的情感素养和社交能力，帮助其建立健康的人际关系。

（二）系统设计

1. 架构设计是智能辅导机器人的多层次架构

在构建智能辅导机器人时，一个合理的架构设计是确保其高效、稳定运行的基石。为了实现机器人功能的模块化、可扩展性和可维护性，通常采用分层结构来设计智能辅导机器人的架构。

（1）核心层。这是智能辅导机器人的基础部分，主要包括智能问答系统和个性化学习系统。智能问答系统负责解答学生提出的问题，通过自然语言处理、信息检索等技术，对问题进行语义分析，并从知识库中检索出相关的答案或解释。个性化学习系统则根据学生的学习习惯、知识水平和兴趣爱好，为其定制个性化的学习计划和推荐学习资源。这两个系统共同构成了机器人的核心功能，为学生提供问题解答和学习辅助服务。

（2）交互层。位于核心层之上的是交互层，它包括人机对话系统和情感交互系统。人机对话系统负责与学生进行实时的自然语言交流，通过语音识别、语音合成等技术，实现与学生的语音或文本交互。情感交互系统则专注于感知学生的情感状态，并据此给出相应的情感支持和激励。这一层通过直观、友好的界面和交互方式，为学生提供更加自然、舒适的学习体验。

（3）应用层。在交互层之上的是应用层，它主要包括教育教学应用程序。这些应用程序是智能辅导机器人在教育领域的具体应用体现，它们与其他教育软件、平台进行集成，共同构建一个完整的教育生态系统。通过应用层，机器人可以与学校的教学管理系统、在线学习平台等进行无缝对接，实现数据共享和功能互补。

这种分层结构的设计使得智能辅导机器人的功能更加模块化、可扩展性更强。当需要添加新的功能或优化现有功能时，只需要在相应的层次上进行修改或扩展即可，而不需要对整个系统进行重新设计。此外，分层结构还有助于提高系统的可维护性，使得系统的维护和管理更加便捷。

2. 数据管理与处理是智能辅导机器人的核心支撑

在智能辅导机器人的运行过程中，数据管理与处理扮演着至关重要的角色。机器人需要处理大量的学习资源，包括文本、图像、视频等多种形式的内容，以提供给学生丰富多样的学习材料。为了高效地管理这些资源，机器人需要借助先进的技术手段进行数据的结构化管理和处理。

（1）识图谱与语义网络。为了有效地管理学习资源，机器人会采用知识图谱和语义网络等先进技术。知识图谱是一种将知识以图的形式进行表示的技术，它能够将学习资源中的知识点、概念、关系等信息进行结构化表示，形成一个庞大的知识网络。通过知识图谱，机器人可以清晰地展示学科知识之间的关系，帮助学生更好地理解和掌握知识。

（2）资源的结构化管理。在知识图谱的基础上，机器人会对学习资源进行结构化管理。这意味着机器人会对学习资源进行分类、标签化等处理，使得每个学习资源都能被准确地标识和定位。同时，机器人还会建立起学习资源之间的关联关系，形成一个相互关联的知识网络。这种结构化的管理方式使得机器人能够快速地检索和推荐学习资源，提高学生的学习效率。

（3）学科知识关系的表示模型。除对学习资源进行结构化管理外，机器人还需要建立起学科知识关系的表示模型。这个模型能够清晰地展示学科内部知识点之间的逻辑关系、依赖关系等，帮助学生系统地学习和掌握学科知识。通过学科知识关系的表示模型，机器人可以为学生提供更加精准的学习路径和推荐资源，使得学生的学习过程更加高效和有针对性。

（4）数据处理与优化。在数据管理与处理的过程中，机器人还需要对数据进行清洗、去重、标准化等处理，以确保数据的准确性和一致性。同时，机器人还需要对数据进行优化，以提高数据的检索速度和准确性。这些数据处理和优化的措施能够确保机器人能够为学生提供更加优质的学习体验。

3. 关键技术实现了机器学习算法在智能辅导机器人中的应用

智能辅导机器人的关键技术之一，便是机器学习算法的运用。这些算法赋予了机器人强大的数据分析和预测能力，使其能够根据学生的历史学习数据和表现，精准地制定个性化的学习路径和推荐学习资源。

在众多的机器学习算法中，推荐算法和聚类算法尤为关键。推荐算法，如协同过滤、内容推荐等，能够深度挖掘学生的学习偏好和需求。机器人通过分析学生的历史学习记录，如观看的视频类型、阅读的文章主题、完成的练习题等，来构建学生的兴趣模型。基于这些模型，机器人便可以推荐与学生兴趣相匹配的学习资源，从而激发学生的学习兴趣，提高学习效率。

聚类算法则有助于机器人发现学生群体中的共性和差异性。通过对学生学习数据的聚类分析，机器人可以将学生划分为不同的群组，每个群组具有相似的学习特征和需求。这种群组划分不仅有助于机器人更精准地推荐学习资源，还能为教师提供有针对性的教学建议，实现因材施教。

除了上述两种算法，智能辅导机器人还可能运用到其他机器学习技术，如决策树、神经网络等，以进一步提升其智能化水平。这些算法能够在处理复杂学习数据时展现出色的性能，帮助机器人更好地理解和预测学生的学习行为。

二、基于自然语言处理的智能问答系统在教育中的应用

基于自然语言处理的智能问答系统在教育中的应用具有广阔的前景和潜力，广泛且多样，为学生提供了高效、便捷的学习途径。以下是自然语言处理在智能问答系统中教育应用的主要方面。

（一）自然语言处理技术

智能问答系统通过 NLP 技术，能够深入理解和分析学生的问题，从中提取出关键信息和需求。这些信息不仅包括学生所提问题的具体内容，还包括学生的语

言习惯、表达方式以及问题背后的深层含义。通过对这些信息的分析，系统能够更准确地把握学生的学习需求和水平。

基于学生的学习需求和水平，智能问答系统能够为学生提供定制化的学习建议和资源。系统可以根据学生的兴趣和特长，推荐相关的学习材料和题目，帮助学生更深入地理解和掌握知识点。同时，系统还可以根据学生的学习进度和反馈，动态调整学习内容和难度，确保学生在自己的能力范围内获得最佳的学习效果。

智能问答系统的个性化学习功能不仅提高了学生的学习效率，还激发了学生的学习兴趣和动力。学生可以根据自己的需求和兴趣，自主选择学习内容和学习方式，更加主动地参与到学习过程中。这种个性化的学习方式能够更好地满足学生的需求，帮助其更好地理解和掌握知识，进而提高学习成绩。

然而，要实现真正的个性化学习，智能问答系统还需要不断地优化和改进。系统需要更加深入地了解学生的需求和特点，提供更加精准的学习建议和资源。同时，系统还需要与其他教育工具和资源进行更好的整合，形成一个完整的个性化学习生态系统，为学生提供更加全面、高效的学习支持。

自然语言处理技术在智能问答系统中的应用，为个性化学习提供了强有力的支持。通过深入理解和分析学生的问题，系统能够为学生提供定制化的学习建议和资源，帮助学生更高效地学习和提高成绩。随着技术的不断发展和完善，相信未来会有更多创新的应用出现，为个性化学习带来更多的可能性。

（二）智能问答系统

1. 在线答疑

智能问答系统在教育领域的应用中，通过自然语言处理技术实现了高效的在线答疑功能，极大地提升了学生的学习体验。学生不再受限于传统的学习方式和时间，可以随时随地向系统提问，获得及时的解答和反馈。

当学生遇到学习中的疑问时，其只需通过智能问答系统的用户界面或移动应用，输入自己的问题。系统利用自然语言处理技术，如语义分析、实体识别等，对问题进行深入的理解和解析。通过这些技术，系统能够准确识别学生的问题意图，捕捉关键信息，并将其与知识库中的数据进行匹配和比对。

一旦系统找到与问题相关的答案和解析，它会立即将这些信息呈现给学生。这些答案和解析不仅准确可靠，而且易于理解。它们以清晰、简洁的方式解答了学生的疑问，帮助其加深对知识点的理解和掌握。

在线答疑的即时互动方式为学生带来了极大的便利。其实不再需要等待老师的回复或查找大量的学习资料来解答问题。通过智能问答系统，学生可以随时随地获取答案，解决学习中的疑惑。这不仅提高了学习效率，还激发了学生的学习兴趣和动力。

智能问答系统通过自然语言处理技术实现的在线答疑功能，为学生提供了一个高效、便捷的学习支持工具。它不仅帮助学生及时解决学习中的疑问，还加深了其对知识的理解和掌握。随着技术的不断发展和完善，相信未来的智能问答系统将能够为学生带来更加优质、个性化的学习体验。

2. 智能评估

在当今日益数字化的教育环境中，NLP技术为评估学生的学习成果提供了一种创新且高效的途径。通过分析学生的作业、论文、论述等文本信息，智能评估系统能够运用自然语言处理技术（NLP）进行深度分析，从而更准确地评估学生的学习效果、理解程度和情感倾向。

NLP技术中的语义分析功能使得系统能够深入解析学生的文本内容。通过识别文本中的关键词、短语和句子结构，系统可以捕捉文本的核心意义和上下文关系。这种分析能力使得系统能够评估学生对知识点的掌握程度，以及其如何运用所学知识进行思考和表达。

情感分析是NLP技术的另一个重要应用。通过分析学生的文本内容，系统可以识别出学生的情感倾向，如积极、消极或中性。这种情感分析不仅有助于了解学生对学习内容的态度和感受，还能为教师提供关于学生情绪状态的宝贵信息。同时，教师可以根据这些信息调整教学策略，以更好地满足学生的需求。

实体识别技术也是NLP在智能评估中的关键应用之一。实体识别能够识别文本中的特定实体，如人名、地名、组织名等，并理解它们之间的关系。在评估学生的文本时，系统可以利用实体识别技术来识别学生引用的知识点、案例或观点，并评估其准确性和相关性。这种评估方式有助于教师了解学生对课程内容的理解和应用能力。

通过综合运用这些NLP技术，智能评估系统能够为学生提供更加客观、全面的学习成果评估。与传统的评估方式相比，这种基于NLP技术的智能评估不仅提高了评估的效率和准确性，还能为学生提供更具体、更个性化的反馈和建议。例如，系统可以根据学生的语义分析结果，指出学生在理解知识点时存在的误解或遗漏；根据情感分析结果，建议学生调整学习态度或方法；根据实体识别结果，鼓励学生深入研究和探索相关领域的知识。

NLP 技术在智能评估中的应用为学生提供了一个更加高效、准确的学习成果评估工具。通过深入分析学生的文本内容，系统能够全面评估学生的学习效果、理解程度和情感倾向，为学生提供更具体、更个性化的反馈和建议。这将有助于学生更好地了解自己的学习状况，明确学习目标，提升学习效果。

3. 智能作文评测

随着教育技术的快速发展，语文学科中的作文评测也迎来了新的革新。自然语言处理技术（NLP）和机器学习算法的结合，为学生作文评测提供了前所未有的可能性和效率。

传统的作文评测往往依赖于教师的个人经验和主观判断，不仅耗时费力，而且可能存在评判标准的不一致性和主观性。然而，通过运用 NLP 技术，智能作文评测系统能够自动分析学生的作文，从语法、句法到逻辑结构等多个维度进行细致入微的评估。

在语法方面，NLP 技术能够识别作文中的语法错误，如主谓不一致、时态错误等，并给出相应的纠正建议。这有助于学生及时发现并改正语法错误，提升作文的语言准确性。

在句法方面，系统可以分析作文的句子结构和表达方式，评估其流畅性和连贯性。例如，系统可以检测出作文中的冗余句子、复杂的句式结构等问题，并提供相应的优化建议。这些反馈能够帮助学生改进句子结构，使作文更加易于理解和阅读。

除语法和句法评估外，智能作文评测系统还能够对作文的逻辑结构进行分析。系统可以识别作文中的段落主题、论点论据等关键信息，并评估其逻辑关系和连贯性。这有助于学生厘清思路，合理安排作文结构，提升作文的逻辑性和说服力。

在给出评分和评语方面，智能作文评测系统能够结合 NLP 技术和机器学习算法，根据预设的评分标准和评估模型，对学生的作文进行客观、公正的评分。同时，系统还能够根据评估结果，给出具体的评语和建议，帮助学生了解自己在写作中存在的问题，并提供改进的方向。

智能作文评测系统的应用，不仅提高了作文评测的效率和准确性，还为学生提供了更加具体、个性化的反馈。学生可以通过系统给出的评分和评语，及时了解自己在写作中的不足，并根据建议进行有针对性的改进。这将有助于学生提升写作水平，培养更加优秀的语文能力。

自然语言处理技术和机器学习算法的结合为语文学科中的作文评测带来了革

命性的变革。智能作文评测系统不仅能够提高评测效率和准确性，还能够为学生提供更加具体、个性化的反馈和建议。这将有助于学生在写作中不断进步，提升语文能力。

4. 教材自动评审

在教育领域中，教材的质量直接关系到学生的学习效果。然而，传统的教材评审往往依赖于人工地逐句阅读和审查，这不仅耗时费力，而且可能存在疏漏和主观性。幸运的是，随着自然语言处理技术（NLP）的快速发展，智能问答系统为教材自动评审提供了新的解决方案。

利用NLP技术，智能问答系统能够自动检测教材中的语法错误、拼写错误和语义错误等。首先，系统通过语法分析技术，可以识别出句子中的语法结构是否正确，如主谓宾是否齐全、时态和语态是否一致等。对于发现的语法错误，系统可以给出明确的错误提示和修改建议，帮助编辑人员快速定位和修正问题。

NLP技术中的拼写检查功能可以自动检测教材中的拼写错误。系统利用词库和算法，对文本中的单词进行比对和校验，找出拼写错误并给出正确的拼写建议。这极大地提高了拼写错误的检测效率和准确性，也减少了人工审查的工作量。

除语法和拼写错误外，NLP技术还能够进行语义分析，检测教材中的语义错误。系统通过理解文本的含义和上下文关系，可以判断句子是否通顺、逻辑是否合理等。对于发现的语义错误，系统可以给出相应的提示和建议，帮助编辑人员改进教材的表达方式和逻辑结构。

通过利用NLP技术进行教材自动评审，可以大大提高教材的质量和准确性。系统能够全面、细致地检查教材中的语法、拼写和语义错误，确保学生接触到准确、规范的学习材料。这不仅减少了人工审查的工作量，还提高了评审的效率和准确性，有助于提升学生的学习体验和学习效果。

NLP技术还可以结合其他教育技术，如智能推荐和个性化学习等，为教材提供更加全面和个性化的优化建议。系统可以根据学生的学习数据和反馈，分析学生的学习需求和兴趣点，并据此推荐适合的教材内容和形式。这将有助于满足学生的个性化学习需求，提升学习兴趣和动力。

利用NLP技术进行教材自动评审是教育技术领域的一项重要创新。它能够提高教材的质量和准确性，确保学生接触到优质的学习材料。随着NLP技术的不断发展和完善，相信未来的教材自动评审将更加智能、高效和准确。

5. 语音交互助教

随着语音识别技术的日益成熟和自然语言处理（NLP）技术的飞速发展，AI

在教育领域的应用已经取得了显著的进步。如今，NLP技术使得AI能够成为一位语音交互助教，通过与学生的语音交流，为学生提供个性化的学习支持，进一步激发学生的学习兴趣和参与度。

语音交互助教具备出色的语音识别能力，能够准确捕捉学生的发音和语调。当学生在朗读或口语练习中发音不准确时，语音交互助教能够及时给出反馈，纠正学生的发音错误，并提供正确的发音示范。这种即时的语音交互不仅提高了学生的口语练习效率，还增强了口语自信心。

除纠正发音外，语音交互助教还能够利用NLP技术对学生的语法错误进行识别。通过深度分析学生的语音输入，系统能够检测出句子中的语法错误，如主谓不一致、时态错误等，并给出相应的纠正建议。这种实时的语法纠正有助于学生及时改正错误，提升语言表达能力和写作水平。

除纠正发音和语法错误外，语音交互助教还能够根据学生的学习需求和兴趣特点，提供个性化的学习指导。通过与学生的语音交流，系统能够了解学生的学习进度和困惑，并据此推荐适合的学习资源和练习题目。同时，语音交互助教还可以根据学生的反馈和表现，动态调整学习内容和难度，确保学生能够在自己的能力范围内获得最佳的学习效果。

语音交互助教的引入为学生带来了更加直观、生动的学习体验。通过与AI进行语音交流，学生不仅能够获得及时的学习反馈和纠正，还能够感受到与真人教师相似的互动和关注。这种亲密的师生互动不仅激发了学生的学习兴趣和动力，还增强了学习参与度和自主学习能力。

语音交互助教是NLP技术在教育领域的一项重要应用。它不仅能够纠正学生的发音和语法错误，提供个性化的学习指导，还能够为学生带来更加直观、生动的学习体验。随着技术的不断发展和完善，相信未来的语音交互助教将更加智能、高效和人性化，并为教育事业的发展注入新的活力。

三、利用虚拟现实与AI技术结合的沉浸式辅导环境

在智能辅导领域，虚拟现实（VR）与人工智能（AI）技术的结合正在创造出前所未有的沉浸式辅导环境，极大地丰富了教育和培训的形式和内容。以下是关于利用虚拟现实与AI技术结合的沉浸式辅导环境的具体应用。

（一）个性化学习体验

个性化学习体验是教育领域中的一项重要创新，它打破了传统教育模式的局限性，使得学习过程更加贴合每个学生的需求和特点。在结合了虚拟现实（VR）和人工智能（AI）技术的智能辅导环境中，个性化学习体验得到了极大的提升。

AI 技术通过收集和分析学生的学习数据和行为模式，能够深入了解每个学生的学习特点、能力和偏好。这种深度分析使得 AI 系统能够识别出每个学生的独特需求，并据此提供定制化的学习内容和学习路径。无论是学科知识的掌握程度、学习进度，还是学习风格和学习习惯，AI 都能进行精准的评估，并据此推荐最适合的学习资源和教学方法。

与此同时，VR 技术的引入为个性化学习体验增添了新的维度。通过创建沉浸式的学习环境，VR 技术使学生能够置身于仿真的学习场景中，从而更加直观地感知和理解知识。无论是历史事件的再现、科学实验的模拟，还是地理环境的探索，VR 都能为学生呈现出逼真的虚拟世界。在这个虚拟世界中，学生可以以第一人称的视角进行互动和体验，从而提高学习的趣味性和参与度。

在个性化学习体验中，AI 和 VR 技术的结合实现了优势互补。AI 技术通过数据分析和智能推荐为每个学生提供了量身定制的学习方案，而 VR 技术则通过沉浸式的学习环境增强了学生的学习体验。这种结合使得学习过程更加个性化、高效和有趣，有助于激发学生的学习兴趣和积极性，提高学习效率和满意度。

个性化学习体验是智能辅导环境中的重要组成部分，它通过 AI 和 VR 技术的结合为学生提供了更加贴合个体需求的学习方案和学习环境。这种创新的学习方式不仅提高了学生的学习效率，也为教育领域的未来发展指明了方向。

（二）实时互动与反馈

1. AI 技术

AI 技术在智能辅导环境中的应用，极大地增强了学习的动态性和互动性。传统的教育模式往往缺乏对学生学习过程的实时监控和即时反馈，而 AI 技术通过先进的算法和数据分析，能够对学生的学习活动进行持续跟踪，并在关键节点提供即时的反馈和建议。这些反馈和建议基于学生的学习数据和行为模式，精准地指出学生的优势和不足，帮助其明确学习目标，调整学习策略。比如，在数学学习中，AI 系统可以识别出学生在解题过程中的错误思路，并提供相应的解题思路和方法，从而帮助其纠正错误，提高解题能力。

AI的即时反馈机制不仅有助于学生在学习过程中保持专注和动力，还能促进自主学习和自我提升。学生可以根据AI系统提供的反馈和建议，自行调整学习进度和难度，选择适合自己的学习资源和学习方法。这种个性化的学习方式能够更好地满足学生的学习需求，提高学习效率和效果。

2. VR技术

VR技术为学生提供了一个全新的学习平台，使其能够在仿真的环境中进行学习和实践。在VR环境中，学生可以与虚拟角色或系统进行互动，模拟真实的学习场景，如语言对话、实验操作等。这种沉浸式的学习体验让学生仿佛置身于真实的环境中，更加直观地感知和理解知识。

在语言学习中，VR技术可以模拟各种真实场景，如商店、餐厅、机场等，让学生在虚拟环境中进行语言对话和交流。通过与虚拟角色的互动，学生可以更加自然地练习口语表达，提高语言运用能力。在科学实验中，VR技术可以模拟复杂的实验环境和设备，让学生在虚拟环境中进行实验操作和观察。这种实验方式不仅降低了实验成本和风险，还能够让学生能够在安全的环境中进行实践探索，加深对科学原理的理解和掌握。

VR技术还可以模拟一些现实中难以实现的场景，如太空探索、深海潜水等。这些场景为学生提供了更广阔的视野和更丰富的学习体验，激发了其对未知世界的好奇心和探索欲。通过与虚拟环境的互动，学生可以更加深入地了解这些领域的知识和技术，进而拓宽自己的知识领域和思维视野。

（三）模拟实践与实验

在智能辅导环境中，模拟实践与实验是一项至关重要的功能，它为学生提供了一个安全、无风险且成本效益高的学习环境。这种环境通过结合虚拟现实（VR）和人工智能（AI）技术，为学生带来了前所未有的实验体验。

VR技术的引入彻底改变了传统的实验方式。学生不再需要依赖于昂贵的实验设备和场地，便可以在虚拟环境中进行各种实验和操作。无论是复杂的科学实验，如物理、化学或生物实验，还是高风险、高成本的手术模拟，VR技术都能为学生呈现出一个高度仿真的实验场景。在这个场景中，学生可以以第一人称的视角进行互动和操作，从而更加深入地理解实验原理和操作步骤。

通过VR技术，学生可以在虚拟环境中进行多次实验尝试，而无须担心实验失败或设备损坏所带来的风险。这种低风险的学习环境鼓励学生勇于尝试和创新，提高了实验技能和动手能力。同时，VR技术还可以模拟一些现实中难以实现的实验场景，如极端条件下的物理现象、生物体内部结构等，为学生提供了更广阔的视野和更丰富的实验体验。

AI技术在模拟实践与实验中扮演着重要角色。AI系统可以通过智能算法和数据分析，对学生在实验过程中的操作进行实时监控和评估。当学生遇到困难或问题时，AI系统可以及时提供指导和反馈，帮助其掌握实验技能和理解实验原理。这种即时的指导和反馈机制使得学习过程更加高效和精准，提高了学生的学习效率。

AI系统还可以根据学生的实验数据和行为模式，为其推荐合适的实验方案和学习资源。通过个性化推荐和精准匹配，AI系统能够帮助学生找到最适合自己的实验方法和学习路径，进一步提高学习兴趣和积极性。

（四）情感识别与交互

在智能辅导环境中，情感识别与交互是一个至关重要的环节，它有助于提升学生的学习体验和情感连接。通过结合人工智能（AI）和虚拟现实（VR）技术，可以实现对学生情感变化的精准感知，并在学习过程中提供更为人性化、情感化的支持。

AI技术通过情感识别功能，能够实时监测学生在学习过程中的情绪变化。这种情感识别通常基于学生的语音、面部表情、身体语言等多维度数据进行分析。当AI系统监测到学生表现出困惑、焦虑或沮丧等负面情绪时，它会立即采取行动，为学生提供情感支持和学习建议。这种情感支持可能包括鼓励学生、提供安慰或建议学生调整学习策略等，旨在帮助学生保持积极的学习态度，增强学习动力。

在VR环境中，学生可以更加自然地表达情感，与系统进行更深入的互动。传统的在线学习或课堂教学往往缺乏对学生情感的关注，导致学生难以在学习过程中表达自己的感受和需求。而在VR环境中，学生可以通过身体语言和面部表情等方式自然地表达自己的情感，与虚拟角色或系统进行更真实、更深入的互动。这种互动不仅可以增强学生的学习体验，还可以帮助AI系统更准确地识别学生的情感状态，从而提供更精准的情感支持和学习建议。

情感识别与交互的结合，使得智能辅导环境更加人性化、情感化。它不仅可以提高学生的学习效率和满意度，还可以增强学生对学习过程的投入感和归属感。在未来，随着技术的不断发展，情感识别与交互将在智能辅导环境中发挥越来越重要的作用，为学生带来更加优质、个性化的学习体验。

（五）数据分析与预测

在智能辅导环境中，数据分析与预测是提升教学质量和个性化教育的重要工具。通过利用人工智能（AI）技术，可以收集和分析学生在学习过程中的大量数据，从而深入理解学生的学习进展、优势和潜在问题。这些数据不仅为教师提供了有价值的信息，也为学生的学习路径和策略调整提供了科学依据。

AI 技术能够实时收集学生的学习数据，包括学习时长、学习成绩、互动频率等。这些数据反映了学生的学习习惯、态度和效果。通过对这些数据的分析，教师可以了解学生在各个学科或知识点上的掌握情况，发现其学习优势和薄弱环节。此外，AI 技术还可以对学生的学习数据进行深度挖掘，识别出学生的学习模式、兴趣偏好和潜在能力，为个性化教育提供有力支持。

基于收集到的学习数据，AI 技术可以生成详细的分析报告，为教师提供学生的学习进展和潜在问题的反馈。这些报告可以帮助教师更全面地了解学生的学习状况，发现其在学习过程中可能遇到的问题和困难。同时，AI 技术还可以对学生的学习数据进行可视化展示，使教师能够更直观地了解学生的学习动态和趋势。

更为重要的是，AI 技术可以通过对历史学习数据的分析和机器学习算法的应用，预测学生的学习趋势和可能遇到的困难。这种预测能力使得教师能够提前进行干预和指导，帮助学生避免潜在的学习问题，提高学习效率和质量。例如，如果 AI 系统预测到某个学生在某个知识点上可能遇到困难，教师可以提前为该学生提供额外的辅导材料或练习题目，以帮助其更好地掌握该知识点。

（六）资源推荐与匹配

在智能辅导环境中，资源推荐与匹配是一个至关重要的环节，它能够帮助学生更高效地找到适合自己的学习资源和课程，从而提高学习效率和兴趣。AI 技术的运用使得这一过程变得更加精准和个性化。

AI 技术通过收集和分析学生的学习数据、兴趣偏好以及历史行为，能够深入理解学生的学习需求和兴趣。它可以根据学生的学习进度、能力水平以及学科偏好，智能地推荐合适的学习资源和课程。这些资源可能包括在线视频教程、电子书籍、练习题库等，涵盖了各个学科和领域的知识点。

AI 技术的推荐算法是基于机器学习和大数据分析原理的。它通过对大量学习数据的分析和挖掘，能够发现不同资源之间的关联性和相似性，从而为学生推荐最符合其需求和学习风格的资源。这种个性化推荐能够帮助学生节省大量的时间和精力，避免在海量信息中迷失方向，让其能够更加专注地投入学习中。

在 VR 环境中，学生可以直接访问这些推荐的学习资源，进行自主学习和探究。VR 技术为学生提供了一个沉浸式的学习环境，让其能够身临其境地体验学习内容。学生可以通过 VR 设备进入虚拟教室、实验室或博物馆等场景，与虚拟角色或系统进行互动，从而更加深入地理解知识、掌握技能。

在 VR 环境中进行资源访问和学习，不仅可以提高学生的学习效率和兴趣，还可以增强学习体验。学生可以在虚拟环境中自由探索、实践和创新，从而更加深入地理解知识、拓展思维。此外，VR 技术还可以为学生提供更加生动、直观的学习内容，如三维模型、动画演示等，帮助学生更好地理解和掌握知识点。

（七）社交互动与协作

在智能辅导环境中，社交互动与协作对于培养学生的沟通能力、团队精神和创新思维至关重要。VR 和 AI 技术的结合，为学生们提供了一个全新的社交互动与协作平台。

VR 技术通过创建虚拟的社交空间，打破了物理世界的限制，使学生们能够在任何地点、任何时间进行实时的交流和协作。在这个虚拟空间里，学生们可以创建自己的虚拟形象，以更加自然和舒适的方式与他人互动。其可以参加虚拟课堂讨论，与来自全球各地的同学共同探讨学术问题；其可以组建虚拟学习小组，共同完成课题研究和项目实践；其还可以参加虚拟社交活动，如虚拟辩论赛、虚拟音乐会等，拓展自己的社交圈子。

在 VR 环境中进行社交互动，学生们可以更加真实地感受到彼此的存在和情感交流。其可以通过语音、表情、动作等多种方式与他人进行互动，从而更加深入地理解对方的观点和感受。这种沉浸式的社交体验让学生们更加愿意与他人分享自己的想法和成果，由此促进了知识和创意的碰撞与交流。

与此同时，AI 技术提供了社交分析功能，帮助学生们更好地理解他人和促进团队合作。AI 系统可以通过分析学生们的社交数据和行为模式，识别出沟通风格、情绪状态以及社交影响力等特征。这些分析结果可以为学生们提供有针对性的建议和指导，帮助其更好地与他人建立联系、解决冲突和推动合作。例如，当学生们在团队项目中遇到困难时，AI 系统可以识别出团队内部的沟通“瓶颈”和合作障碍，并提供相应的解决方案和建议；当学生们在社交场合中感到紧张或不安时，AI 系统可以提供情绪支持和心理安慰，帮助其缓解压力和焦虑。

VR 和 AI 技术的结合为学生们提供了一个全新的社交互动与协作平台。在这个平台上，学生们可以更加真实、深入地与他人进行交流和协作，进而提升自己的沟通能力、团队精神和创新思维。同时，AI 技术提供的社交分析功能也为学生们提供了更加精准和个性化的指导与支持，帮助其更好地适应社交环境、促进团队合作。

总结来说，虚拟现实与人工智能技术的结合为智能辅导领域带来了革命性的变化。通过创建沉浸式的辅导环境，这种技术能够为学生提供更加个性化、互动性和实践性的学习体验，从而提高学习效率和学习兴趣。同时，这种技术也为教师提供了更多的教学工具和方法，帮助其更好地了解学生的学习情况并提供针对性的指导。

第三节 人工智能技术在教育评价中的应用

一、基于 AI 的自动化评分与反馈系统

在教育评价领域，人工智能（AI）技术的引入为评分和反馈过程带来了革命性的变化。基于 AI 的自动化评分与反馈系统不仅提高了评分的效率，还确保了评分的客观性和准确性。以下是该系统的主要特点和优势。

（一）自动化评分

在教育评价中，自动化评分是人工智能（AI）技术的一个重要应用。通过自然语言处理（NLP）和机器学习技术的结合，AI 系统能够实现对学生书面作业和考试答案的自动评估。这种评估方式不仅高效，而且能够确保评分的客观性和一致性。

对于不同类型的题目，如选择题、主观题和编程题等，AI 系统都能进行准确的识别并给出相应的分数。对于选择题，系统可以通过比对学生答案与标准答案的一致性来给出分数；对于主观题，系统则可以利用 NLP 技术对学生的答案进行语义分析，从而评估其内容的准确性和深度；而对于编程题，系统则可以通过执行学生的代码并检查结果来给出评分。

这种自动化评分的方式极大地减轻了教师的工作负担。在传统的评价方式中，教师需要花费大量的时间和精力来逐一评阅学生的作业和试卷。然而，有了 AI 系统的帮助，教师可以将这些重复性的工作交给机器来完成，从而有更多的时间和精力去关注学生的学习情况和教学改进。

（二）反馈系统

1. 即时反馈

除自动化评分外，AI 系统还能为学生提供即时的反馈。在学生提交作业后，系统能够立即对作业进行评分，并给出相应的反馈意见。这种即时的反馈机制有助于学生及时了解自己的学习情况和问题所在，从而及时调整学习策略。

AI 系统给出的反馈内容通常包括对作业的整体评价、关键问题的指出以及改进建议等。这些反馈内容不仅具有针对性，而且能够帮助学生更好地理解自己的不足之处，并找到改进的方向。通过反复练习和反思，学生可以在 AI 系统的帮助下逐渐提高自己的学习水平和能力。自动化评分和即时反馈是 AI 技术在教育评价中的重要应用。它们不仅提高了评分的效率和准确性，而且为学生提供了更好的学习体验和发展机会。随着技术的不断进步和完善，相信这些应用将在未来的教育领域中发挥更加重要的作用。

2. 个性化指导

AI 系统在教育评价中的另一个显著优势在于其能够提供个性化的学习建议和指导。这一功能基于对学生学习数据和行为模式的深入分析。系统能够持续跟踪学生的学习活动，包括其参与的课堂讨论、完成的作业、参与的测试以及在学习平台上的互动等。

例如，当系统发现学生在某个特定的知识点上表现出困难或不足时，它会根据该学生的学习风格和偏好，推荐相应的学习资源或练习题目。这些资源可能包括在线视频教程、互动练习、模拟测试等，旨在帮助学生更好地理解和掌握该知识点。

此外，AI 系统还可以根据学生的学习进度和成绩，为其制订个性化的学习计划。通过定期评估学生的学习情况，系统可以调整学习计划的难度和进度，确保学生能够在自己的能力范围内逐步提高。

个性化指导不仅有助于提高学生的学习效率，还能增强学习动力和自信心。学生感受到自己被系统关注和理解，会更加积极地投入学习中去，进而形成良性循环。

3. 数据分析和报告

AI 系统在教育评价中的另一个重要应用是数据分析和报告生成。这些系统具备强大的数据处理和分析能力，能够收集、整理和分析学生的学习数据，为教师提供详尽的学习报告。

学习报告通常包括学生的基本信息、学习进度、成绩分析、问题诊断等多个方面。教师可以通过报告了解学生在各个学科、各个知识点上的掌握情况，以及其在学习过程中的优势和不足。同时，报告还可以提供学生的学习趋势分析，帮助教师预测学生未来的学习表现。

这些数据分析和报告对于教师来说具有重要的参考价值。它们可以帮助教师更全面地了解学生的学习状况，并为教学提供有力支持。教师可以根据报告中的信息，调整教学策略和方法，更好地满足学生的学习需求。同时，报告还可以作为教师评价学生学业成绩和进步情况的重要依据。

个性化指导和数据分析和报告是AI技术在教育评价中的两个重要应用。它们不仅能够提高学生的学习效果和学习动力，还能为教师的教学提供有力支持，推动教育评价工作的不断创新和发展。

4．精确度和准确度

在构建基于AI的教育评价系统时，精确度和准确度是衡量其性能的重要指标。通过大量的数据训练和优化，AI系统能够不断提高其评分精确度和准确度，从而确保评价结果的可靠性和有效性。

与传统的人工评分相比，AI评分具有更高的一致性和客观性。人工评分往往受到评分者主观判断、疲劳程度、情绪状态等多种因素的影响，导致评分结果存在一定的波动性和不一致性。而AI评分则基于预设的算法和模型，能够自动、快速地处理大量数据，给出客观、准确的评分结果。这不仅减少了人为因素的干扰，还提高了评分的效率和公正性。

随着技术的不断发展，AI系统在评分精确度和准确度方面的性能将会进一步提升。通过引入更先进的算法和模型，以及利用更多的数据进行训练和优化，AI系统能够更准确地识别学生的答案和表现，给出更加精确和可靠的评分结果。这将有助于更好地评估学生的学习成果和潜力，为教育评价提供更加科学、客观的依据。

5．隐私和安全保护

在设计自动化评分与反馈系统时，隐私和安全保护是至关重要的考虑因素。由于系统中涉及大量学生的个人信息和学习数据，一旦这些数据被泄露或滥用，将会对学生造成严重的损害。

为了确保学生的隐私和数据安全，自动化评分与反馈系统应采取一系列的安全措施。首先，系统应严格遵守相关的隐私政策和法律法规，确保学生的个人信息得到妥善保护。其次，系统应采用加密技术对数据进行传输和存储，防止数据在传输过程中被截获或篡改。最后，系统还应设置严格的访问权限和身份验证机制，确保只有授权人员才能访问和修改学生的数据。

除以上措施外，系统还应进行定期的安全测试和漏洞扫描，及时发现并修复潜在的安全隐患。同时，系统还应建立完善的应急响应机制，以应对可能发生的安全事件和数据泄露风险。

基于AI的自动化评分与反馈系统在教育评价领域具有广泛的应用前景和巨大的潜力。它不仅提高了评分的效率和准确性，还为学生提供了即时、个性化的反馈和指导，有助于促进学生的自主学习和全面发展。随着技术的不断进步和优化，相信该系统将在未来的教育评价中发挥更加重要的作用。

二、学生能力评估与预测模型的构建与应用

在教育评价中，学生能力评估与预测模型的构建是人工智能技术应用的重要领域之一。这一模型旨在通过收集和分析学生的学习数据，以科学、准确的方式评估学生的当前能力水平，并预测其未来的发展趋势。

（一）模型的构建

1. 评价指标的确定

在构建学生能力评估与预测模型时，评价指标的确定是首要步骤。这些指标需要全面反映学生的各项能力，以确保评估结果的全面性和准确性。评价指标的确定并非一蹴而就，而是需要综合考虑多方面因素。

评价指标需要与学科特点紧密相关。不同学科对学生的能力要求有所不同，因此评价指标需要体现出学科的特殊性。例如，数学学科可能更强调学生的逻辑思维和计算能力，而语文学科则更注重学生的阅读理解和表达能力。

评价指标需要符合教育目标的要求。教育目标是学校教育的核心，也是评估学生能力的重要依据。因此，在确定评价指标时，需要充分考虑教育目标对学生的能力要求，确保评估结果与教育目标相一致。

评价指标还需要考虑社会需求。随着社会的不断发展，对人才的需求也在不断变化。因此，在确定评价指标时，需要关注社会需求的变化，确保评估结果能够如实反映出学生是否具备未来社会所需的能力和素质。

评价指标的确定可以包括学业成绩、创新能力、实践能力、组织协调能力、沟通能力等多个方面。这些指标能够全面反映学生的各项能力，为评估学生能力提供有力的支持。

2. 数据的收集

在确定了评价指标之后，就需要通过各种渠道收集学生的学习数据。数据的

收集是评估学生能力的基础，只有获取到准确、全面的数据，才能得出可靠的评估结果。

数据的收集可以通过多种方式进行。可以通过传统的渠道收集学生的学习数据，如课堂表现、作业完成情况、考试成绩等。这些数据能够直接反映出学生的学习情况和能力水平。

随着技术的发展，智能教学系统和学习平台为数据的收集提供了更多的可能性。这些系统能够自动记录学生的学习数据，如在线学习时间、互动频率、练习成绩等。这些数据不仅能够提供更加丰富的学习信息，还能够实现数据的实时更新和自动处理，提高了数据收集的效率和准确性。

还可以通过其他渠道收集学生的学习数据，如参与活动的记录、获奖情况等。这些数据能够反映学生在课外活动中的表现和能力，为评估学生能力提供更加全面的信息。

数据的收集是评估学生能力的重要步骤。通过多渠道收集学生的学习数据，可以获取到全面、准确的信息，为评估学生能力提供有力的支持。

3. 算法的选择

在选择合适的算法来构建预测模型时，需要综合考虑数据类型、评估需求以及算法的特点。不同的算法适用于不同的数据类型和评估目标，可以对不同学生的不同方面进行全面细致的分析评价。

常见的算法包括神经网络、决策树、随机森林、支持向量机等。这些算法各具特色，且有各自的优缺点。例如，神经网络能够处理复杂的数据关系，具有强大的学习和适应能力；决策树则易于理解和解释，适用于简单的分类问题；随机森林通过集成多个决策树来提高预测精度和稳定性；支持向量机则擅长处理高维数据和分类问题。

在选择算法时，需要根据数据类型和评估需求进行权衡。如果数据类型复杂且关系复杂，可以选择神经网络或支持向量机等强大的算法。如果数据较为简单，可以选择决策树或随机森林等易于理解和解释的算法。此外，还需要考虑算法的计算复杂度和运行效率，以确保模型在实际应用中的可行性和高效性。

4. 模型的训练与优化

在选择了合适的算法之后，就需要使用收集到的数据对模型进行训练。训练过程是通过不断调整模型的参数和结构，使模型能够逐渐逼近真实的数据分布和规律。这个过程需要耐心和细致，因为合适的参数和结构对于提高模型的预测精度和泛化能力至关重要。

在模型训练的过程中，还需要对模型进行验证和测试。验证过程是将一部分数据作为验证集，用于评估模型在未见过的数据上的性能。如果模型在验证集上的表现不佳，就需要对模型进行调整和优化，以提高其泛化能力。测试过程则是将另一部分数据作为测试集，用于评估模型在实际应用中的性能。通过测试，可以了解模型在实际应用中的表现，并对其进行进一步的优化和改进。

还需要关注模型的稳定性和鲁棒性。稳定性是指模型在不同数据集上的表现是否一致；鲁棒性是指模型在受到噪声、异常值等干扰时是否仍能保持较好的性能。为了提高模型的稳定性和鲁棒性，可以采用一些技术手段，如数据增强、正则化、集成学习等。

模型的训练与优化是一个迭代的过程，需要不断地调整和优化模型的参数和结构，以提高其预测精度、泛化能力、稳定性和鲁棒性。通过这个过程，可以构建出准确、有效、可靠的预测模型，为教育评估提供有力的支持。

（二）模型的应用

1. 学生能力评估

学生能力评估是教育领域中一个至关重要的环节。通过将学生的相关数据输入到经过精心训练的预测模型中，系统能够自动分析并计算出学生的当前能力水平，然后给出相应的评估结果。这些评估结果不仅涵盖了学生的学业成绩，还包括了创新能力、实践能力、组织协调能力以及沟通能力等多方面的能力评估。

对于教师而言，这些评估结果提供了宝贵的参考信息。教师可以根据评估结果更全面地了解学生的学习状况和发展趋势，从而制订出更有针对性的教学计划和辅导策略。同时，评估结果也可以作为教师评价学生学习成果和进步情况的重要依据，帮助其更公正、客观地评价学生的表现。

2. 学习路径推荐

基于学生的能力评估结果和学习需求，模型能够进一步为学生推荐个性化的学习路径和资源。这些学习路径和资源根据学生的具体情况进行定制，旨在帮助学生更高效地利用学习资源，提高学习效果。

通过个性化的学习路径推荐，学生可以更加清晰地了解自己的学习方向和目标，有针对性地选择适合自己的学习内容和方式。同时，这也有助于激发学生的学习兴趣和动力，促进自主学习和终身学习。

3. 未来发展趋势预测

除对学生当前能力水平的评估和学习路径的推荐外，模型还能够通过对学生的历史数据进行分析和学习，预测其未来的发展趋势和潜力。这种预测能力有助于教师提前发现学生的潜力和问题，为其提供及时的指导和帮助。

通过对学生未来发展趋势的预测，教师可以更加有针对性地制订教学计划和辅导策略，帮助学生充分发挥自己的潜力，克服学习中的困难。同时，这也有助于学生更好地规划自己的未来学习和职业发展路径。

4. 政策制定与决策支持

学生能力评估与预测模型的结果不仅为教师提供了宝贵的信息支持，还可以为教育政策制定者提供有力的数据支持。通过对大量学生的能力评估结果进行汇总和分析，政策制定者可以更准确地了解学生的学习状况和需求，从而制定出更符合实际、更具针对性的教育政策。

这些政策可以包括改进教学方法、优化课程设置、加强师资队伍建设等方面的内容，旨在为学生提供更好的学习环境和条件，促进其全面发展和成长。同时，政策制定者还可以根据评估结果及时调整教育政策，确保政策的有效性和可持续性。

在实际应用中，已经有一些学者和研究机构在探索学生能力评估与预测模型的构建与应用。例如，周剑等学者利用 BP 神经网络算法来预测学生的高考成绩，精确度达到了 95% 以上。这表明人工智能技术在学生能力评估与预测方面具有巨大的潜力和应用价值。随着技术的不断发展和完善，相信未来会有更多创新的方法和应用出现，为教育评价领域带来更大的变革和发展。

三、利用大数据分析技术提升教育评价的科学性与准确性

利用大数据分析技术提升教育评价的科学性与准确性，主要可以从以下几个方面进行。

（一）教育评价数据的广泛收集

利用大数据技术，可以从多个渠道和维度收集学生的学习数据，包括课堂表现、作业完成情况、考试成绩、在线学习时间、互动频率、练习成绩等。

这些数据不仅涵盖了学生的学习成绩，还涉及了学习过程、学习行为、学习兴趣等多方面的信息，为教育评价提供了丰富的数据支持。

（二）教育评价数据的深入分析

大数据分析技术可以对收集到的数据进行深入的挖掘和分析，发现隐藏在数据中的规律和趋势。

例如，通过分析学生的学习行为数据，可以了解学生的学习动机、学习风格、学习习惯等，从而对学生进行更准确的评估。

（三）教师评价体系的完善

传统的教师评价体系主要侧重于论文、课题等量化指标，而大数据分析技术可以引入更多的客观评价指标，如教师上课时长、学生反馈数据等。

通过大数据对教师教学活动进行客观分析，结合静态数据和动态数据，可以为教师制定个性化教学方案提供支撑，从而进一步提升教学质量。

（四）教育政策制定的支持

利用大数据分析技术，可以对不同地区、学校的学生人口统计数据和教育资源分布数据进行分析，了解教育政策的实施效果和资源配置的合理性。

这为政府制定和调整教育政策提供了有力的数据支持，有助于实现教育资源的优化配置和教育质量的提升。

（五）提高教育评价的客观性和公正性

大数据分析技术可以减少人为因素的干扰，提高教育评价的客观性和公正性。

通过自动化、智能化的数据分析和处理，可以消除主观偏见和误差，确保评价结果的准确性和可靠性。

（六）隐私和安全保护

在利用大数据分析技术进行教育评价时，需要特别注重学生的隐私和安全保护。

教育机构应采取严格的隐私政策和安全措施，确保学生的个人信息不被滥用或泄露。

利用大数据分析技术可以显著提升教育评价的科学性与准确性。通过广泛收集、深入分析教育评价数据，完善教师评价体系，支持教育政策制定，以及提高评价的客观性和公正性，可以为学生提供更优质的教育服务，促进其全面发展。同时，也需要特别注重隐私和安全保护，确保评价过程的安全和可靠。

第五章 人工智能技术在交通领域的应用

第一节 人工智能技术在交通管理中的应用

一、智能交通信号控制系统的设计与优化

在交通管理领域，人工智能技术的应用极大地推动了智能交通信号控制系统的设计与优化，从而显著提高了交通流量和通行效率。以下是关于智能交通信号控制系统设计与优化的主要方面。

（一）交通信号控制算法设计

在智能交通系统中，交通信号控制算法的设计对于提高道路通行效率和减少交通拥堵至关重要。基于绿波控制的周期信号控制算法是一种常用的方法，它通过在路段间精心调整绿灯时长和间隔时间，确保车辆能够在没有遇到红灯的情况下顺利通过一系列交通信号灯。这种方法的原理是通过计算车速和车流量，预测车辆通过每个路口的时间，从而确保在车辆到达下一个路口时，绿灯正好亮起。然而，要实现这一目标，需要对车辆流量、车速、道路状况等多种因素进行精确的预测和计算，以确保每个路口的绿灯能够同步亮起。

尽管基于绿波控制的周期信号控制算法简单可行，但在实际应用中仍存在一些局限性。因此，研究者们提出了自适应控制算法，以进一步提高交通信号控制的灵活性和效率。自适应控制算法通过实时监测车流量、车速、车辆类型等因素，并根据这些信息动态调整信号灯的绿灯时长。这种算法能够根据不同时段的交通状况，自动调整信号灯的配时方案，以实现最优的交通流量和通行效率。与基于绿波控制的周期信号控制相比，自适应控制算法更加灵活和高效，能够更好地适应复杂的交通环境。

除算法设计外，硬件架构的优化也是提高智能交通信号控制系统性能的关

键。多核处理器是智能交通信号控制系统中的重要组成部分，它能够同时处理多个任务，充分调度系统资源，提高系统效率和性能。多核处理器通过并行处理多个任务，能够加快数据处理速度，确保系统能够在短时间内做出准确的决策。

此外，显卡加速技术也是提高智能交通信号控制系统性能的重要手段。在智能交通系统中，图像处理和计算量往往非常大，这成为系统性能的一个“瓶颈”。显卡加速技术能够充分发挥图形处理单元（GPU）的计算能力，将一部分计算任务从中央处理器（CPU）转移到GPU上执行。GPU拥有大量的计算核心和高速内存，能够同时处理大量的并行计算任务，从而显著提高系统的处理速度和效率。

高速通信技术也是确保智能交通信号控制系统高效运行的关键因素。智能交通系统需要实时传输和处理大量的数据，包括交通流量、车速、车辆类型等信息。高速通信技术，如光纤通信等，能够提供高速、稳定的数据传输通道，确保数据的实时性和准确性。通过高速通信技术，智能交通信号控制系统能够实时获取交通信息，并快速做出决策，以应对各种复杂的交通状况。

（二）智能控制算法的应用

在智能交通系统中，智能控制算法扮演着至关重要的角色。这些算法不仅能够实时分析交通信息，还能根据各种参数动态调整信号灯的配时方案，从而确保交通流畅、减少拥堵。下面，将详细探讨智能控制算法在交通信号控制中的应用及其优势。

智能控制算法具有实时性强的特点。这意味着算法能够迅速捕捉到交通流量的变化，并根据实时数据作出相应的调整。例如，当某一方向的交通流量突然增大时，智能控制算法能够立即感知到这一变化，并自动延长该方向的绿灯时间，以减少车辆排队长度，提高通行效率。这种实时性强的特点使得智能控制算法在应对突发交通事件时具有更高的灵活性和适应性。

智能控制算法具有高度的智能化水平。通过对交通流量、车辆排队长度等参数的综合分析，算法能够自动选择最优的信号灯配时方案。这种智能化水平不仅体现在算法能够根据实时数据自动调整信号灯配时，还体现在算法能够根据不同路段的交通特点进行个性化设置。例如，在高峰时段，算法可以为交通繁忙的路口增加绿灯时间，而在低峰时段则可以适当减少绿灯时间，以节约能源和减少污染。

智能控制算法的应用还体现在其高度的可扩展性和可定制性上。随着城市交通的不断发展，交通流量和道路网络结构也在不断变化。智能控制算法能够根据这些变化进行自适应调整，确保交通信号控制方案始终保持在最优状态。此外，算法还支持用户自定义设置，可以根据不同城市的交通特点和需求进行个性化定制，以满足不同城市对交通信号控制的需求。

在实际应用中，智能控制算法已经取得了显著的成效。通过实时分析交通信息并动态调整信号灯配时方案，智能控制算法能够显著提高道路的通行能力和交通流畅度。同时，它还能够减少车辆排队长度和等待时间，降低能源消耗和环境污染。这些优势使得智能控制算法成为智能交通系统中不可或缺的一部分。

智能控制算法在智能交通系统中的应用具有实时性强、智能化水平高、可扩展性和可定制性强等特点。通过实时分析交通信息并动态调整信号灯配时方案，它能够显著提高道路的通行能力和交通流畅度，为城市交通管理带来革命性的变化。

案例介绍：

基于车联网和深度学习的智能交通信号控制，通过实时收集交通流量、车辆位置等信息，并利用深度学习模型预测未来交通状况，自动调整信号灯的时长和相位。

基于图像识别和模型预测的智能交通信号控制，通过网络摄像头采集交通图像，分析车辆数量和车道占用情况，并预测未来交通状况，从而调整信号灯的配时方案。

（三）国产信号控制系统现状

目前国内主要的交通信号控制系统生产厂家如中控、海信、大华、易华录等，其系统大多停留在远程监视和远程控制上，面控的优化算法尚未广泛应用。然而，中控和阿里巴巴正在合作进行大数据用于面控的开发，预示着未来国产系统在智能交通信号控制方面将有更大的突破。

人工智能技术在智能交通信号控制系统的设计与优化中发挥着重要作用，通过先进的算法和硬件架构，结合实时数据和智能控制策略，有效提高了交通流量和通行效率，为城市交通管理带来了革命性的变化。

二、基于AI的交通事故预防与应急响应机制

基于AI的交通事故预防与应急响应机制在交通管理中发挥着至关重要的作用，以下是对其应用的详细阐述。

（一）交通事故预防

在智能交通管理的领域中，实时监测与数据分析扮演着至关重要的角色。AI技术的引入，不仅使数据收集变得更加精准高效，而且通过大数据的深入剖析，能够更加准确地预测交通事故的发生可能性，为交通安全管理提供有力的支持。

AI技术通过实时监测交通数据，它能够捕捉到包括交通流量、车辆速度、路况等在内的一系列重要信息。这些数据不仅为交通管理部门提供了实时、准确的交通状况反馈，也为后续的数据分析奠定了坚实的基础。通过对这些数据的收集和分析，交通管理部门能够更好地了解交通流动的规律和特点，为制定更加科学的交通管理策略提供有力支持。

大数据技术的运用使得能够深入挖掘历史交通数据中的潜在信息。通过对历史数据的挖掘和学习，AI能够识别出交通事故的高发时段、路段和潜在因素。这些分析结果能够为交通管理者提供重要的预警信息，帮助他们提前采取措施，避免交通事故的发生。同时，这种预警机制也有助于提高驾驶员的安全意识，促使他们更加谨慎地驾驶。

在智能交通安全预警系统中，AI技术的应用更是发挥着举足轻重的作用。通过实时监测交通数据、分析交通模式、识别交通违规等手段，智能交通安全预警系统能够实现对交通安全的有效预警。例如，当系统检测到某一路段的车速普遍过快或交通流量异常时，它可以自动调整交通信号灯的配时，以优化交通流动，减少拥堵和事故风险。此外，系统还可以向驾驶员发送预警信息，提醒他们注意道路安全，避免潜在的危险。

AI技术结合视频监控和图像识别技术，使得交通违规识别与处理变得更加高效和准确。通过实时监测交通违法行为，如闯红灯、逆行、超速等，系统能够自动记录违法行为证据，为交通管理部门提供有力的执法依据。这不仅有助于及时发现和处理交通违规行为，维护交通秩序和道路安全，还能够减轻交通警察的工作负担，提高执法效率。

实时监测与数据分析在智能交通管理中的应用为交通管理带来了诸多深远影响。它不仅能够提高交通管理的科学性和精准性，还有助于降低交通事故的发生率，保障人民群众的生命财产安全。随着技术的不断发展和创新，相信未来的智能交通管理将会更加智能、高效和安全。

（二）智能交通管理中应急响应机制

在智能交通管理的广阔领域中，实时数据监测与分析发挥着至关重要的作用。AI驱动的预警系统不仅持续监测来自气象站、卫星和传感器的实时数据，还深入挖掘这些数据的内在含义，以检查是否有任何可能导致紧急情况的灾难或异常情况的迹象。这种不间断的实时监控能力使得交通管理者能够及早发现潜在的威胁，并迅速采取应对措施，从而最大限度地减少紧急事件对交通系统的影响。

智能预警与监测系统是智能交通管理中的一大亮点。借助大数据分析和机器学习技术，AI能够提前识别潜在的灾害风险，如洪水、地震等自然灾害对交通的潜在影响。通过对历史数据的深度学习和对实时数据的快速分析，AI能够预测这些灾害可能发生的概率和影响范围，为交通管理部门提供及时、准确的预警信息。此外，AI还能够监测交通拥堵、事故等紧急情况，帮助交通管理者快速了解现场情况，制定有效的应对策略。

在应急响应过程中，智能决策与辅助指挥系统发挥着不可或缺的作用。AI通过深度学习和强化学习等算法，不断学习和优化智能决策模型，帮助决策者快速做出准确的判断和决策。在面对突发事件时，AI能够根据实时数据和历史经验，推荐最优的应对策略，辅助决策者优化资源配置和人员调度。这种智能化的决策支持能够显著提高应急响应的效率和效果，确保交通系统在最短时间内恢复正常运行。

人员调度与资源优化是智能交通管理中另一个重要的方面。AI通过分析历史数据与实时数据，能够辅助系统决策者进行更加科学、合理的人员调度和资源管理。通过建立智能调度模型，AI能够综合考虑各种因素，如人员数量、技能水平、地理位置等，推荐最佳的人员调度方案和资源配置方案。这不仅有助于优化响应流程，提高人力资源的利用效率，还能够确保在紧急情况下有足够的资源来应对各种挑战。

在交通事故或其他紧急情况中，医疗资源的合理调配至关重要。AI可以通过利用医疗数据和实时监测系统，对疫情发展趋势和就诊需求进行深入分析。通过智能化的算法和模型，AI能够预测未来的医疗需求，并指导医疗资源的有效配置。这有助于确保在紧急情况下有足够的医疗资源来救治伤员，降低死亡率和致残率，提高整个社会的福祉水平。

实时数据监测与分析在智能交通管理中的应用具有深远的影响。它不仅能够提高交通管理的科学性和精准性，还能够优化资源配置和人员调度，提高应急响应的效率和效果。随着技术的不断发展和创新，相信未来的智能交通管理将会更加智能、高效和安全，为人民群众提供更加便捷、舒适的出行环境。

基于AI的交通事故预防与应急响应机制通过实时监测、数据分析、智能预警和智能决策等手段，为交通管理部门提供了有效的技术支持和保障，有助于减少交通事故的发生和提高应急响应的效率。

三、利用大数据与AI技术提升城市交通规划与管理水平

在交通管理中，利用大数据与AI技术可以显著提升城市交通规划与管理水平。以下是详细的分析和归纳。

（一）大数据在城市交通规划中的应用

1. 实时数据采集的广泛应用

实时数据采集是智能交通管理的基石。借助先进的传感器、摄像头和卫星定位技术，能够实时获取道路上的各种交通数据。这些数据不仅为交通管理部门提供了即时的交通状况反馈，还为后续的数据分析提供了丰富的素材。通过实时数据采集，能够更加精准地了解交通流量的变化、车辆行驶的速度和密度等信息，为交通规划提供科学的决策依据。

2. 深入的数据分析揭示交通规律

采集到的大量交通数据需要通过专业的分析工具进行处理和分析。大数据技术能够对这些数据进行深度的挖掘，揭示出交通流量的变化规律、车辆行驶的特征以及道路拥堵的成因等。通过数据分析，能够更准确地了解交通状况，为交通规划提供有力的支持。例如，可以根据数据分析结果，预测未来的交通拥堵情况，为交通管理部门提前制定交通疏导策略提供依据。

3. 交通拥堵预测与提前干预

大数据技术不仅能够对历史交通数据进行分析，还能够结合实时数据和气象信息等因素，对未来的交通拥堵情况进行预测。通过预测模型，能够提前了解到哪些路段、哪些时段可能会出现拥堵，从而提前制定交通疏导策略，减少交通拥堵的发生。这种提前干预的方式不仅能够缓解交通压力，还能够提高道路通行效率，同时为市民提供更加顺畅的出行体验。

4. 路网规划优化与可持续发展

在智能交通管理中，大数据技术的应用不仅限于实时数据采集和分析，还能够辅助规划部门进行路网规划优化。通过对城市道路网的数据分析，可以了解到

哪些路段需要增设交通设施、哪些交叉口需要优化信号灯配时等。这些优化措施不仅能够提高道路通行能力，还能够降低交通事故的发生率，保障市民的出行安全。同时，大数据技术还能够为城市的可持续发展提供支持。通过分析交通数据和城市规划数据，可以制定出更加科学、合理的城市规划方案，促进城市的可持续发展。

5. 深远影响与未来展望

实时数据采集与分析在智能交通管理中的应用，不仅提高了交通管理的科学性和精准性，还为城市的可持续发展提供了有力支持。随着技术的不断发展和创新，相信未来的智能交通管理将会更加智能、高效和安全。期待通过大数据技术的深入应用，为城市交通管理带来更加美好的未来。

（二）AI 技术在城市交通管理中的应用

1. 智能交通信号控制的智能化革新

在智能交通管理的众多应用中，交通信号控制是其中的核心环节。AI 技术的引入为交通信号控制带来了革命性的变革。传统的交通信号控制往往依赖于固定的时间表和预设的配时方案，无法灵活应对实时交通流量的变化。而 AI 技术的应用，则使得交通信号灯能够实现智能化的控制。

通过实时分析交通流量数据，AI 系统能够智能地调整信号灯的时间和间隔。当某个方向的交通流量较大时，系统可以自动延长该方向的绿灯时间，减少车辆的等待时间；当交通流量减少时，则可以缩短绿灯时间，避免不必要的交通延误。这种智能化的控制方式能够最大限度地减少拥堵和等待时间，提高道路通行效率。

2. 交通事故预测与预防的精准策略

除了交通信号控制，AI 技术还在交通事故预测与预防方面发挥着重要作用。通过对交通数据和历史事故数据的深入分析，AI 系统能够预测未来可能发生的交通事故。这种预测能力基于大量的历史数据和先进的算法模型，能够识别出交通事故的潜在风险点，并提前采取相应的预防措施。

智能交通管理系统通过实时监测和预警，可以及时防范交通事故的发生。当系统监测到某个路段的交通状况异常或存在潜在风险时，可以立即向驾驶员和交通管理部门发送预警信息，提醒他们采取相应的安全措施。这种精准的策略不仅能够减少交通事故的发生，还能够提高驾驶员的安全意识，促进交通安全文化的形成。

3．智能导航系统的个性化服务

在智能交通管理中，智能导航系统也是不可或缺的一部分。AI 技术为驾驶员提供了更加智能、便捷的导航系统。通过收集和分析实时交通信息、路况数据以及驾驶员的出行习惯等信息，智能导航系统能够为驾驶员提供个性化的路线规划和导航服务。

智能导航系统不仅可以为驾驶员提供最优的出行路径和方式，还可以实时更新交通信息，帮助驾驶员避开拥堵路段和事故现场。同时，智能导航系统还能够预测未来的交通状况，为驾驶员提供准确的行程时间和到达时间预测。这种个性化的服务不仅提高了交通效率，还提升了驾驶员的出行体验。

展望未来，随着技术的不断进步和应用的不断扩展，自动驾驶技术有望在智能交通管理中发挥更加重要的作用。期待通过 AI 技术的深入应用，为城市交通管理带来更加美好的未来。

（三）大数据与 AI 技术的综合应用

1．交通流量优化的深度实现

在现代智能交通管理中，大数据和 AI 技术的结合为交通流量优化带来了全新的可能性。这种结合不仅提高了交通管理的效率，还显著提升了交通流量的流畅性和安全性。

大数据的收集和分析为 AI 技术提供了丰富的数据基础。通过实时收集道路上的交通数据，包括车辆数量、行驶速度、交通拥堵情况等，大数据系统能够迅速处理这些信息，并将其转化为对交通流量优化的关键洞察。

AI 技术则利用这些实时数据，通过复杂的算法和模型，预测交通拥堵的潜在发生点及其持续时间。这种预测能力使交通管理部门能够提前采取措施，通过调整智能路灯的亮度、闪烁频率，或是智能信号灯的配时方案，来引导交通流量的分布，减少拥堵的发生。

AI 技术还能够根据实时交通状况，自动调整交通信号灯的时间和间隔。当某个方向的交通流量较大时，AI 系统会自动延长该方向的绿灯时间，以加快交通流量的通过；当交通流量减少时，则会缩短绿灯时间，避免不必要的等待时间。

2．数据分析和决策支持的精准应用

智能交通管理系统不仅限于实时的交通流量优化，它还能够通过数据分析和决策支持，为城市规划师提供有效的帮助。

智能交通管理系统能够实时收集和处理大量的交通数据，包括交通流量、行驶速度、车辆类型等。通过对这些数据的深入分析，系统能够揭示出城市交通的运行规律和潜在问题。

这些分析结果对于城市规划师来说具有极高的价值。他们可以利用这些数据来评估现有交通设施的性能，发现“瓶颈”和潜在的风险点，并据此制定更加科学和合理的城市交通规划。

智能交通管理系统还能够为城市规划师提供决策支持。通过模拟和预测不同的交通场景，系统能够评估不同规划方案的效果，为城市规划师提供最佳的规划建议。这种决策支持不仅能够提高城市规划的准确性和有效性，还能够降低规划成本和时间。

第二节　人工智能技术在自动驾驶技术中的应用

一、自动驾驶车辆的感知、决策与执行系统

在自动驾驶技术中，自动驾驶车辆的感知、决策与执行系统扮演着至关重要的角色。以下是对这三个系统的详细解析。

（一）感知系统

1. 基本介绍

感知系统作为自动驾驶技术的核心组件之一，扮演着至关重要的角色。它利用多种传感器采集的数据以及高精度地图的信息，经过一系列复杂的计算和处理，为自动驾驶车辆提供周围环境的精确感知。这一系统不仅能够实时捕捉并识别道路上的各种障碍物，还能够提供障碍物的位置、形状、类别及速度信息，为自动驾驶车辆的决策提供可靠的数据支持。

除了基本的障碍物感知，感知系统还具备对特殊场景的语义理解能力。例如，它能够识别并理解施工区域、交通信号灯及交通路牌等场景，从而为自动驾驶车辆提供更为全面和准确的导航和决策依据。这种能力使得自动驾驶车辆能够更好地适应复杂的道路环境和交通状况，提高行驶的安全性和效率。

在自动驾驶车辆中，传感器是实现感知系统功能的关键设备。目前，自动驾驶应用的传感器主要分为三类：激光雷达（LiDAR）、相机（Camera）和毫米波雷达（Radar）。

激光雷达（LiDAR）通过发射激光束并接收反射回来的信号，实现对周围环境的3D扫描。它能够提供高精度的距离和角度信息，对障碍物的形状和位置进行精确感知。

相机（Camera）则通过捕捉道路上的图像信息，为自动驾驶车辆提供丰富的视觉感知。通过图像处理和计算机视觉技术，相机能够识别道路标线、交通信号灯、车辆和行人等目标，并为自动驾驶车辆的决策提供支持。

毫米波雷达（Radar）利用毫米波段的电磁波进行探测，具有穿透性强、抗干扰能力强的特点。它能够提供较远的感知距离和较高的测量精度，对动态障碍物如车辆和行人进行有效的探测和追踪。

这些传感器能够覆盖车周360度、范围200米以内的感知距离，确保对周围环境的全面感知。它们通过协同工作，为自动驾驶车辆提供全方位、多层次的感知信息，保证自动驾驶的安全性和可靠性。

2. 关键功能

感知系统的关键功能主要包括目标监测及分类、多目标追踪和场景理解等。

目标监测及分类是感知系统的核心功能之一。它利用深度学习等先进技术，对传感器采集的数据进行处理和分析，识别出道路上的各种障碍物并对其进行分类。这一功能需要达到近似百分之百的召回率及非常高的准确率，以确保自动驾驶车辆能够准确感知周围环境并做出正确的决策。

多目标追踪是感知系统的另一个重要功能。它通过对多帧信息的计算和分析，预测障碍物的运动轨迹和速度等信息。这对于自动驾驶车辆来说至关重要，因为它能够帮助车辆提前感知并规避潜在的碰撞风险。

场景理解是感知系统的另一个关键功能。它涉及对交通信号灯、路牌、施工区域等特殊场景的识别和理解。同时，场景理解还包括对特殊类别如校车、警车等的识别，以确保自动驾驶车辆能够在遵守交通规则的同时，做出更加安全和合理的决策。

（二）决策控制系统

1. 系统详细介绍

决策控制系统，作为自动驾驶技术的核心大脑，负责统筹协调自动驾驶车辆的各种行为。它包含环境预测、行为决策、动作规划、路径规划等多个功能模块，这些模块协同工作，确保自动驾驶车辆能够在复杂的道路环境中安全、高效地行驶。

2. 环境预测模块

环境预测模块是决策控制系统的关键组成部分。它利用感知层所识别的物体信息，如车辆、行人、交通信号灯等，结合历史数据和实时交通状况，对这些物体的行为进行预测。通过深度学习、机器学习等先进技术，环境预测模块能够准确判断周围物体的运动轨迹、速度变化等信息，为自动驾驶车辆提供重要的决策依据。

环境预测模块的工作至关重要，它直接影响自动驾驶车辆的安全性和行驶效率。通过精确的环境预测，自动驾驶车辆能够提前感知并规避潜在的碰撞风险，同时选择最优的行驶路径和速度，确保行驶的安全性和舒适性。

3. 行为决策模块

行为决策模块基于环境预测的结果，决定自动驾驶车辆的具体行为。它根据自动驾驶车辆的当前状态、目标以及交通规则等因素，综合考虑各种因素，制定出最优的行驶策略。例如，在前方有车辆阻挡时，行为决策模块会决定自动驾驶车辆是否进行变道、超车等行为。

行为决策模块需要高度的智能化和自主性，它需要根据实时变化的交通状况，灵活调整自动驾驶车辆的行驶策略。同时，它还需要与其他功能模块进行紧密协作，确保自动驾驶车辆的行驶安全和顺畅。

4. 动作规划与路径规划模块

动作规划与路径规划模块是决策控制系统的执行层，它根据行为决策的结果，规划出具体的动作和行驶路径。动作规划模块负责规划自动驾驶车辆的具体动作，如加速、减速、转向等，确保自动驾驶车辆能够按照行为决策的结果进行行驶。路径规划模块则负责规划自动驾驶车辆的行驶路径，根据道路信息、交通规则等因素，选择最优的行驶路径，确保自动驾驶车辆能够安全、高效地到达目的地。

这两个模块需要高度的精确性和实时性，它们需要根据实时变化的交通状况，快速、准确地规划出自动驾驶车辆的行驶路径和动作。同时，它们还需要与其他功能模块进行紧密协作，确保自动驾驶车辆的行驶安全和顺畅。

（三）执行系统

1. 系统深度介绍

在自动驾驶技术的实现中，执行层扮演着至关重要的角色。简而言之，执行层是负责将决策系统所作出的决策转化为实际车辆控制动作的环节。为了确保自动驾驶车辆能够安全、高效地按照预定的路径和速度行驶，执行层需要与决策系统紧密协作，并通过总线与各个车辆操控系统相连通。

2．车辆操控系统的总线连接

在自动驾驶车辆中，各个操控系统如加速系统、制动系统、转向系统以及灯光系统等都需要能够通过特定的总线与决策系统相连通。这种总线连接不仅确保了数据的高效传输，还保证了各个系统之间的协同工作。通过这种连接方式，决策系统能够实时地将指令发送给各个操控系统，而操控系统则能够迅速地响应并执行这些指令。

3．精确的车辆控制

执行层的关键功能在于对车辆的精确控制。一旦决策系统作出了相应的决策，如加速、制动、转向或灯光控制等，执行层就需要立即将这些决策转化为具体的控制指令，并通过总线发送给相应的操控系统。这些操控系统则需要按照指令精确地执行相应的动作，以确保自动驾驶车辆能够按照预定的路径和速度行驶。

为了实现精确的车辆控制，执行层需要具备高度的可靠性和稳定性。它需要能够准确地解读决策系统的指令，并快速地将这些指令转化为实际的操控动作。同时，它还需要能够实时监测车辆的状态和周围环境的变化，并根据需要调整控制策略，以确保自动驾驶车辆的安全性和舒适性。

执行层作为自动驾驶技术的重要组成部分，其任务是将决策系统的决策转化为实际的车辆控制动作。通过与各个操控系统的总线连接和精确的车辆控制功能，执行层确保了自动驾驶车辆能够安全、高效地按照预定的路径和速度行驶。在未来的自动驾驶技术发展中，执行层将继续发挥着至关重要的作用，推动自动驾驶技术不断向前发展。

系统深度介绍：

在自动驾驶技术的实现中，执行层扮演着至关重要的角色。简而言之，执行层是负责将决策系统所作出的决策转化为实际车辆控制动作的环节。为了确保自动驾驶车辆能够安全、高效地按照预定的路径和速度行驶，执行层需要与决策系统紧密协作，并通过总线与各个车辆操控系统相连通。

4．车辆操控系统的总线连接

在自动驾驶车辆中，各个操控系统如加速系统、制动系统、转向系统以及灯光系统等都需要能够通过特定的总线与决策系统相连通。这种总线连接不仅确保了数据的高效传输，还保证了各个系统之间的协同工作。通过这种连接方式，决策系统能够实时地将指令发送给各个操控系统，而操控系统则能够迅速地响应并执行这些指令。

二、基于深度学习的自动驾驶算法研究与应用

基于深度学习的自动驾驶算法研究与应用在自动驾驶技术的发展中起到了关键作用。以下是对该领域的研究与应用进行清晰归纳和说明。

（一）深度学习在自动驾驶中的基本原理

深度学习是一种基于人工神经网络的机器学习算法，具有强大的数据处理能力，可以对输入数据进行端到端的学习与预测。在自动驾驶中，深度学习通过多层次的神经网络实现对复杂模式的学习与提取，极大地提高了自动驾驶技术的精准度和鲁棒性。

（二）自动驾驶的主要挑战与深度学习的应用

自动驾驶面临的主要挑战包括感知能力、决策与规划能力以及车辆控制等。深度学习在这些方面都有广泛应用。

1．感知能力的深度解析

在自动驾驶领域，感知能力是其核心技术之一。深度学习算法，特别是卷积神经网络（CNN），为自动驾驶系统赋予了强大的图像处理能力。通过训练大量的图像数据，CNN 能够从复杂的交通场景中自动识别出车辆、行人、交通标志等关键目标。这种识别过程不仅准确度高，而且速度快，使得自动驾驶系统能够实时地感知和理解周围环境。

除基本的识别功能外，CNN 还能够对目标进行分类和定位。通过对图像中的目标进行特征提取和分类，自动驾驶系统能够准确地识别出不同类型的车辆（如轿车、货车、摩托车等）、行人（如成人、儿童、老年人等）以及交通标志（如停止标志、限速标志、转弯标志等）。同时，通过计算目标在图像中的位置和大小，自动驾驶系统还能够确定目标在现实世界中的具体位置，为后续的决策和规划提供精确的数据支持。

2．决策与规划能力的深入分析

在自动驾驶系统中，决策与规划能力同样至关重要。深度学习中的循环神经网络（RNN）等技术为自动驾驶系统提供了强大的学习能力。通过对历史驾驶数据的分析和学习，RNN 能够不断优化和改进驾驶决策，使自动驾驶系统更加适应各种复杂的交通环境。

此外，强化学习算法也为自动驾驶系统带来了革命性的进步。通过模拟真实

世界的交通环境，强化学习算法能够训练自动驾驶系统在不同的场景下自主决策，并找到最佳的行驶路径。这种能力使得自动驾驶系统能够应对各种复杂的交通状况，如拥堵、路口、变道等，以确保行驶的安全性和效率。

3．车辆控制的精准实现

车辆控制是自动驾驶系统的最终执行环节。深度强化学习为自动驾驶系统提供了实现车辆自主驾驶的有效方案。通过对车辆动力系统、传感器等的精确控制，自动驾驶系统能够实时地响应交通环境的变化，并做出相应的驾驶决策。

具体而言，自动驾驶系统通过深度学习算法对车辆的加速、制动、转向等动作进行精确控制。同时，通过与交通环境的实时交互，自动驾驶系统能够不断地调整和优化自己的驾驶策略，确保行驶的安全性和舒适性。这种精准的车辆控制能力使得自动驾驶系统能够在各种复杂的交通环境中实现自主驾驶，并为未来的智能交通出行提供了强大的技术支持。

（三）基于深度学习的自动驾驶算法研究与应用案例

1．目标检测的深度探索

在自动驾驶技术中，目标检测是确保车辆安全行驶的首要任务。卷积神经网络（CNN）作为目标检测的核心算法，其强大的图像处理能力为自动驾驶系统提供了坚实的基础。通过卷积和池化操作，CNN 能够提取图像中的关键特征，这些特征包含了丰富的信息，如形状、纹理、颜色等，使得自动驾驶系统能够准确地区分不同的目标。

具体而言，CNN 通过多层卷积和池化操作，逐步从原始图像中提取出更加抽象和高级的特征。这些特征在后续的分类和定位过程中起到了至关重要的作用。在分类阶段，CNN 利用提取的特征将目标分为不同的类别，如车辆、行人、交通标志等。在定位阶段，CNN 则通过计算目标在图像中的位置和大小，进一步确定目标在现实世界中的具体位置。

与传统的目标检测方法相比，CNN 具有更高的准确率和鲁棒性。它能够适应各种复杂的交通环境，并在各种光照、天气和遮挡条件下保持稳定的性能。此外，CNN 还具有较快的处理速度，能够满足自动驾驶系统对实时性的要求。

2．路径规划的细致解析

在自动驾驶系统中，路径规划是确保车辆高效行驶的关键环节。强化学习算法在路径规划方面展现出了卓越的性能。通过不断试错和学习，自动驾驶系统能够逐渐找到最佳的行驶路径，并根据实时交通状况进行调整。

强化学习算法的核心思想是通过与环境进行交互来学习策略。在自动驾驶系统中，环境就是复杂的交通场景，而策略则是指导车辆行驶的决策规则。强化学习算法通过不断尝试不同的决策，并根据环境反馈的奖励或惩罚来调整策略，最终实现最优的路径规划。

在路径规划过程中，自动驾驶系统需要综合考虑多种因素，如道路条件、交通流量、交通规则等。强化学习算法能够处理这些复杂的因素，并通过学习找到最佳的行驶路径。此外，强化学习算法还具有适应性和灵活性，能够根据实时交通状况进行动态调整，确保车辆的高效行驶。

3. 车辆控制的精准剖析

深度强化学习为自动驾驶系统提供了对车辆精确控制的能力。通过对车辆动力系统的控制以及与其他车辆的交互，自动驾驶系统能够确保行驶的安全性和稳定性。

在车辆控制方面，自动驾驶系统需要实现对车辆加速、制动、转向等动作的精确控制。深度强化学习算法通过训练神经网络模型，学习如何根据当前的环境和交通状况做出最优的驾驶决策。通过不断调整和优化控制参数，自动驾驶系统能够实现对车辆的精准控制，确保行驶的安全性和稳定性。

自动驾驶系统还需要与其他车辆进行交互，以避免潜在的碰撞风险。深度强化学习算法能够帮助自动驾驶系统学习如何与其他车辆进行协同驾驶，提高整体交通的效率和安全性。通过与交通环境的实时交互，自动驾驶系统能够不断学习和改进自己的控制策略，以应对各种复杂的交通状况。

（四）基于深度学习的自动驾驶算法设计与优化

基于深度学习的自动驾驶算法设计是一个复杂的过程，涉及数据采集与标注、神经网络的设计与训练、模型评估和优化以及系统集成与实现等多个关键步骤。通过对这些步骤的精心设计和优化，可以提高自动驾驶系统的性能和鲁棒性。

基于深度学习的自动驾驶算法研究与应用在自动驾驶技术的发展中起到了关键作用。随着技术的不断进步和应用的深入，未来的自动驾驶系统将更加智能、高效和安全。

三、自动驾驶技术的安全性与可靠性评估方法

自动驾驶技术的安全性与可靠性评估方法是确保其在实际应用中达到预期性

能的关键步骤。以下是关于自动驾驶技术安全性与可靠性评估的清晰方法归纳。

（一）虚拟仿真测试的深入解析

1. 虚拟环境模拟的细致打造

在自动驾驶系统的研发过程中，虚拟仿真测试是不可或缺的一环。首先，需要构建一个高度逼真的虚拟环境来模拟各种驾驶场景和条件。这个虚拟环境不仅需要模拟出城市、高速、山区等不同的地理环境，还需要考虑各种复杂的交通元素，如道路类型、交通标志、信号灯等。其次，为了更贴近真实世界的驾驶体验，还需要模拟出不同的天气条件（如晴天、雨天、雪天等）、光照条件（如白天、夜晚、黄昏等）以及交通流量等复杂情况。

2. 场景多样性的全面覆盖

虚拟仿真测试的一个重要优势在于其能够涵盖广泛且多样的驾驶场景。这些场景不仅包括常见的驾驶情况，还包括一些极端或罕见的情况，如交通事故、道路施工、车辆故障等。通过模拟这些复杂的场景，可以全面测试自动驾驶系统的应对能力，从而确保其在各种情况下都能做出正确的决策。

3. 性能与安全性评估的严格把关

在虚拟环境中，可以对自动驾驶系统的各项性能进行严格的评估。这包括决策能力、反应速度、路径规划等关键性能。通过模拟各种驾驶场景，可以观察自动驾驶系统在不同情况下的表现，并评估其是否符合安全标准。此外，还可以对自动驾驶系统的控制策略、传感器融合算法等进行测试和优化，以提高其性能和安全性。

（二）实地测试的全面考量

1. 路试里程的积累与验证

实地测试是验证自动驾驶系统性能和安全性的重要手段之一。在实地测试中，需要让自动驾驶系统在实际道路上行驶，并积累足够的路试里程。路试里程的长短直接反映了自动驾驶系统经过了多少次真实世界的验证和测试。随着路试里程的增加，可以更加准确地评估自动驾驶系统的性能和安全性，并发现其可能存在的问题和隐患。

2. 真实环境挑战的直面应对

与虚拟仿真测试相比，实地测试能够更真实地反映自动驾驶系统在真实驾驶环境中可能遇到的问题和挑战。在实地测试中，自动驾驶系统需要面对各种复杂的交通情况、突发事件以及未知的环境因素。这些挑战可能包括拥堵的交通、突然出现的行人或车辆、复杂的道路条件等。通过应对这些挑战，可以更全面地了解自动驾驶系统的性能和安全性，并为其后续的优化和改进提供有力的支持。

3. 风险评估与应对措施的制定

在实地测试过程中，需要对收集到的数据进行分析和处理，以评估自动驾驶系统在不同场景下的安全风险。这包括对交通事故、违规行驶、系统故障等情况的统计和分析。通过这些数据，可以更准确地评估自动驾驶系统的安全性，并制定相应的应对措施。这些应对措施可能包括改进控制策略、优化传感器融合算法、加强安全监控等。通过不断地优化和改进，可以进一步提高自动驾驶系统的安全性和可靠性。

（三）脱离率与事故率评估

1. 脱离率分析

脱离率，作为评估自动驾驶系统可靠性和安全性的重要指标之一，直接反映了系统在自动驾驶模式下需要交还控制权给人类驾驶员的频率。在理想的自动驾驶系统中，希望看到的是一个较低的脱离率，这意味着系统能够在各种复杂和变化的驾驶环境中保持稳定地运行，并持续提供自动驾驶服务。

脱离率的高低不仅与自动驾驶系统的技术水平有关，还受到多种因素的影响，如交通环境、天气条件、道路状况等。在评估脱离率时，需要综合考虑这些因素，并进行详细的数据分析。通过对不同场景下的脱离率进行比较和分析，可以更准确地了解自动驾驶系统的性能和可靠性，并为其后续的优化和改进提供方向。

2. 事故率评估

事故率是另一个评估自动驾驶系统安全性能的重要指标。它直接反映了系统在实际运行过程中发生事故的频率和严重性。与脱离率类似，较低的事故率意味着自动驾驶系统具有较高的安全性能。

在评估事故率时，需要收集和分析自动驾驶系统在实际运行中的事故数据。这些数据可能包括事故发生的时间、地点、原因、损失程度等。通过对这些数据进行分析，可以了解自动驾驶系统在不同场景下的安全性能，并找出可能存在的安全隐患和漏洞。

还需要对事故原因进行深入的分析和挖掘。事故可能由多种因素引起，如系统故障、驾驶员误操作、环境因素等。通过对事故原因的分析，可以找出导致事故的关键因素，并制定相应的改进措施。这些改进措施可能包括优化系统算法、提高传感器精度、加强驾驶员培训等。

（四）系统安全验证与认证的严格把控

1．行业标准与法规遵循

在自动驾驶系统的研发过程中，需要确保系统符合相关的行业标准和法规要求。这些标准和法规通常涵盖了自动驾驶系统的各个方面，如系统架构、软硬件设计、安全性能等。通过遵循这些标准和法规，可以确保自动驾驶系统在设计、开发和测试过程中遵循一定的规范和标准，从而提高其安全性和可靠性。

2．安全性分析与验证

除遵循行业标准和法规外，还需要对自动驾驶系统的软硬件进行全面的安全性分析和验证。这包括对系统架构的合理性、算法的正确性、传感器数据的准确性等进行深入的分析和测试。通过这些分析和测试，可以发现系统中可能存在的安全隐患和漏洞，并制定相应的改进措施。

此外，还需要对自动驾驶系统进行全面的安全验证。这包括在各种复杂和变化的驾驶环境中对系统进行测试，以验证其在各种情况下的安全性和可靠性。通过这些测试，可以确保自动驾驶系统在实际运行中保持稳定和安全。

3．第三方认证

为了确保自动驾驶系统的安全性和可靠性得到广泛认可，还需要通过权威的第三方机构对系统进行认证。这些第三方机构通常具有丰富的经验和专业的技术实力，能够对自动驾驶系统进行全面的评估和测试。通过第三方认证，可以证明自动驾驶系统满足一定的安全性和可靠性要求，并为其后续的市场推广和应用提供支持。

（五）数据驱动的性能评估的深入实施

1．大数据分析

在自动驾驶系统的运行过程中，会收集到大量的数据。这些数据包含了系统的运行状态、环境信息、传感器数据等。通过对这些数据进行深入的分析和挖掘，可以了解自动驾驶系统的实际运行情况和性能表现。

大数据分析不仅可以帮助发现系统中可能存在的问题和隐患，还可以为系统的优化和改进提供方向。例如，可以通过分析传感器数据来评估系统的感知准确性；通过分析决策数据来评估系统的决策速度和正确性；通过分析控制数据来评估系统的稳定性和可靠性等。

2. 性能指标提取

在大数据分析的基础上，需要从数据中提取与自动驾驶系统性能相关的关键指标。这些指标可能包括感知准确性、决策速度、路径规划能力、控制稳定性等。通过提取这些关键指标，可以更准确地了解自动驾驶系统的性能和可靠性，并为其后续的优化和改进提供方向。

3. 性能评估与优化

基于数据分析结果，需要对自动驾驶系统的性能进行评估和优化。这包括分析系统的优缺点、找出可能存在的问题和隐患、制定相应的改进措施等。通过不断地优化和改进，可以进一步提高自动驾驶系统的安全性和可靠性，并为其后续的市场推广和应用提供支持。

自动驾驶技术的安全性与可靠性评估是一个综合的过程，需要结合虚拟仿真测试、实地测试、脱离率与事故率评估、系统安全验证与认证以及数据驱动的性能评估等多种方法来进行全面的评估。这些方法能够确保自动驾驶系统在实际应用中具备足够的安全性和可靠性，为人们的出行提供更加安全、便捷和舒适的体验。

第三节 人工智能技术在智能交通系统中的应用

一、智能交通监控与信息管理系统的构建

在智能交通系统中，人工智能技术的应用对于构建智能交通监控与信息管理系统起到了关键作用。以下是对该系统的构建进行详细的分析和归纳。

（一）系统概述

智能交通监控与信息管理系统，作为现代城市交通管理的核心支撑，采用了最先进的技术和先进的网络通信手段，实现了交通管理的智能化。该系统不仅通过实时监测交通状况、收集并分析相关数据，还具备对交通信号进行智能优化和调控的能力。其目标在于显著提高交通效率，有效减少交通拥堵，优化整个城市的交通运行环境，同时确保交通安全性和出行便利性。

智能交通监控与信息管理系统是一个复杂而高效的集成系统，它整合了多种

技术和设备，实现了对交通状况的全方位监控和智能化管理。这一系统不仅对于城市交通管理者来说是一个强大的工具，对于普通市民而言，也能提供更为安全、便捷的出行环境。

（二）系统架构

智能交通监控与信息管理系统的架构由三个核心子系统组成：监测子系统、分析子系统和控制子系统。这些子系统相互协作，共同实现智能交通管理的各项功能。

1. 监测子系统

监测子系统是智能交通监控与信息管理系统的基础，其主要功能是实时获取城市交通的相关信息。通过安装在主要道路、交叉口等关键位置的视频监控设备、交通感知器以及其他传感器，监测子系统能够全面、准确地获取车辆数量、车速、拥堵情况等重要数据。这些数据将实时传输到监控中心，由监控中心进行接收、存储和处理，并为后续的分析和控制提供数据支撑。

2. 分析子系统

分析子系统是智能交通监控与信息管理系统的核心，它利用人工智能、大数据分析等先进技术对监测数据进行实时分析和处理。通过分析子系统，可以深入了解交通状况，预测交通流量，识别交通事故等异常情况，并为交通管理者提供决策依据。分析子系统还具备生成交通状况报告和预警信息的功能，管够帮助交通管理者及时发现和应对交通问题。

分析子系统的实现离不开强大的计算能力和数据处理能力。为此，分析子系统通常配备高性能的服务器和存储设备，以确保数据的快速处理和大量存储。同时，分析子系统还需要具备先进的人工智能算法和大数据分析技术，以实现对交通数据的深入挖掘和分析。

3. 控制子系统

控制子系统是智能交通监控与信息管理系统的执行单元，它基于分析子系统的结果对城市交通进行智能控制。控制子系统具备自动调整交通信号配时方案的功能，能够根据实时交通状况自动调整信号灯的亮灭时间和相位顺序，以优化交通流动和减少拥堵。此外，控制子系统还可以通过电子警察和可变信息标志牌等设备对车辆进行监测和引导，确保交通秩序和安全。

控制子系统的实现需要依赖先进的控制算法和通信技术。通过实时获取和分析交通数据，控制子系统能够迅速做出决策并采取相应的控制措施。同时，控制子系统还需要与监测子系统和分析子系统保持紧密的联系和协作，确保数据的准确性和实时性。

智能交通监控与信息管理系统的架构由监测子系统、分析子系统和控制子系统三个核心部分组成。这些子系统相互协作、共同作用，实现了对交通状况的全方位监控和智能化管理。通过这一系统，可以更好地了解城市交通状况、提高交通效率、减少交通拥堵并提升交通安全性和便利性。

（三）监控设备

智能交通监控与信息管理系统的构建离不开一系列先进的监控设备，这些设备为系统提供了全面、准确的交通状况数据。以下是系统中常用的几种监控设备及其功能的详细描述。

1．视频监控设备

视频监控设备是智能交通监控与信息管理系统中最为直观和重要的监控工具之一。这些设备通常具备高清晰度、高分辨率的特点，并且具备全天候的监控能力。通过高清摄像头捕捉到的实时视频图像，系统能够实时了解道路交通状况，如车辆流量、行驶速度、交通拥堵情况等。此外，结合图像识别技术，视频监控设备还能够自动识别车辆类型、速度以及违章行为，如闯红灯、逆行、压线行驶等，为交通管理部门提供重要的依据。

2．交通感知器

交通感知器是智能交通监控与信息管理系统中用于获取车辆数量和车速信息的设备。这些感知器利用电磁感应、声波感应等先进技术，能够实时感知道路上车辆的存在和行驶状态。通过安装在不同道路和交叉口位置的感知器，系统能够获取到全面的车辆数据，从而更加准确地判断交通状况。这些数据对于交通信号的优化和调控具有重要意义，能够帮助系统更好地应对交通拥堵和流量变化。

3．电子警察

电子警察是智能交通监控与信息管理系统中用于监测和记录交通违法行为的设备。这些设备通常安装在关键交通路口和路段，通过图像识别和自动识别技术，能够实时监测车辆的行驶状态，并自动抓拍交通违法行为。电子警察能够准确识别车辆的型号、车牌号码等信息，并将违法记录传输到交通管理系统中。通过电子警察的监测和记录，交通管理部门能够及时发现和处理交通违法行为，从而维护道路交通秩序和安全。

（四）人工智能技术的应用

在智能交通监控与信息管理系统中，人工智能技术的应用为系统的智能化和高效化提供了强大的支持。以下是人工智能技术在系统中的主要应用方向。

1．智能交通信号控制

人工智能技术在智能交通信号控制中发挥着重要作用。通过实时收集和分析交通流量和道路情况的数据，人工智能算法能够自动调整信号灯的时长和节奏，以适应不同时段的交通需求。这种智能信号控制能够有效提高交通的流畅性和效率，减少交通拥堵和等待时间。同时，人工智能技术还能够根据道路情况和交通状况的变化，自动优化信号灯的配时方案，实现更加智能和灵活的交通管理。

2．交通流量预测技术

人工智能技术通过对历史交通数据的分析和挖掘，能够预测未来一段时间内的交通流量情况。这种预测技术能够为交通管理部门提供重要的决策支持。交通管理部门可以根据预测结果，提前制定交通管理策略和措施，如调整交通信号配时、引导车辆绕行等，以应对可能出现的交通拥堵和流量高峰。通过交通流量预测技术，交通管理部门能够更加准确地掌握交通状况，提高交通管理的科学性和有效性。

3．图像识别技术

在智能交通监控与信息管理系统中，图像识别技术被广泛应用于交通摄像头的图像处理中。通过对摄像头捕捉到的图像进行实时识别和分析，系统能够自动识别车辆的型号、车牌号码等信息。这种图像识别技术不仅能够帮助系统实时监测车辆的行驶状态，还能够自动追踪违规行为和失窃车辆。结合其他交通数据和信息，图像识别技术为交通管理提供了更加全面和准确的支持。

4．数据分析和预测

人工智能技术还能够通过大数据分析挖掘交通流量的规律和趋势。系统可以对历史交通数据进行深入的分析和挖掘，发现其中的规律和模式，并基于这些规律和模式进行交通预测和拥堵疏导。通过数据分析和预测，交通管理部门能够提前制定交通管理策略和措施，有效应对可能出现的交通问题，提高交通管理的科学性和前瞻性。

二、基于 AI 的智能交通诱导与路径规划服务

基于 AI 的智能交通诱导与路径规划服务在智能交通系统中占据着核心地位，

它通过深度学习和大数据分析等先进技术，为交通参与者提供实时、准确、高效的出行建议。以下是对这一应用的详细分析和归纳。

（一）智能交通诱导

智能交通诱导系统是智能交通监控与信息管理系统的重要组成部分，它利用先进的技术手段，为交通参与者提供实时、准确的交通信息，以优化出行路径，提高交通效率。以下是智能交通诱导系统中几个关键方面的详细阐述。

1．交通流量预测

交通流量预测是智能交通诱导系统的核心功能之一。通过分析大量的历史交通数据以及实时的交通信息，结合先进的机器学习、数据挖掘等技术，AI系统能够精确地预测未来一段时间内的交通流量。这种预测不仅涵盖了各个路段的车辆数量，还包括了车速、交通密度等多个维度。通过准确的预测，交通管理部门能够提前了解交通状况，并制定相应的交通管理策略，如调整交通信号配时、引导车辆绕行等，从而有效避免交通拥堵，提高道路通行效率。

交通流量预测还能为司机和行人提供有价值的出行参考。通过查询交通流量预测信息，司机和行人可以了解未来一段时间内的交通状况，选择最佳的出行时间和路线，避免拥堵路段，减少出行时间。

2．智能导航

智能导航是智能交通诱导系统的另一个重要功能。它结合了地理信息系统（GIS）和人工智能技术，为司机和行人提供个性化的导航服务。与传统的导航相比，智能导航更加注重实时性和个性化。它能够根据实时交通状况、个人出行需求以及道路网络情况，为司机和行人规划最优的出行路径，并提供实时的导航指引。

在智能导航系统中，AI系统会根据实时交通数据，如道路拥堵情况、交通事故等，动态调整导航路径，确保司机和行人能够选择到最快捷、最安全的出行路线。同时，智能导航系统还会根据用户的出行习惯和偏好，提供个性化的导航服务，如推荐沿途的景点、餐厅等，让出行更加便捷和愉悦。

3．交通信号优化

交通信号优化是智能交通诱导系统的重要应用之一。传统的交通信号控制系统通常基于固定的配时方案，无法适应实时变化的交通状况。而智能交通诱导系统则通过AI优化算法，根据实时交通状况和道路网络情况，自动调整交通信号的配时，从而最大限度地提高交通效率和通行能力。

在交通信号优化中，AI系统会实时监测各个路口的交通状况，如车辆数量、车速、拥堵情况等。同时，它还会综合考虑道路网络情况，如路段长度、交叉口间距等因素，对交通信号进行智能优化。通过调整信号灯的时长和节奏，AI系统能够确保交通流顺畅、有序地通过交叉口，减少交通拥堵和等待时间。

智能交通诱导系统还会根据历史数据和实时信息，对未来的交通状况进行预测和预判。在交通流量高峰时段，系统可以提前调整信号配时方案，以应对可能出现的交通拥堵。这种预测性的交通信号优化能够使交通管理更加精准、高效。

（二）路径规划服务

1. 数据分析与预测

在智能交通诱导系统中，数据分析与预测是核心功能之一。AI系统通过深度的大数据分析和先进的机器学习算法，对历史数据进行细致的挖掘和分析，从而预测未来的交通状况或航班延误情况。这些数据涵盖了广泛的领域，包括交通流量、道路状况、天气条件、交通事故记录等。通过对这些数据的综合分析和处理，AI系统能够精准地预测出未来某个时间段内特定路段的交通状况，如拥堵程度、通行速度等。

基于这些预测信息，AI系统能够为用户提供个性化的通勤建议。例如，在交通高峰期，AI系统可以为用户推荐避开拥堵路段的通勤路线，确保用户能够在最短时间内到达目的地。这种预测性的路径规划服务，不仅提高了用户的出行效率，也极大地减少了交通拥堵和排放污染。

2. 多因素综合考虑

在路径规划过程中，AI系统能够综合考虑多种因素，如距离、时间、费用等，为用户提供最优解。这种综合考虑的能力，使得AI系统能够根据不同用户的需求和偏好，提供个性化的路径规划服务。例如，在旅游出行中，AI系统可以根据用户的旅游目的、兴趣爱好和预算等因素，为用户推荐最佳的旅游路线和景点。

在物流领域，AI系统的多因素综合考虑能力更加突出。除距离、时间和费用等因素外，AI系统还可以考虑货物的种类、体积、重量等特性，以及货车的容积和承载能力等因素。通过对这些因素的综合分析和处理，AI系统能够找到最佳的配送方案，确保货物能够安全、快速地送达目的地。

3. 实时路径规划

AI系统具有实时收集和更新数据的能力，能够对路径规划进行实时优化。当遇到突发事件或交通堵塞时，AI系统能够迅速感知到这些变化，并自动重新规划路径。例如，在导航过程中，如果前方道路发生交通事故或施工封路等情况，AI系统会立即接收到这些信息，并为用户推荐新的绕行路线。这种实时路径规划的能力，确保了用户能够在最短时间内到达目的地，提高了出行的便捷性和安全性。

4. 数据隐私与安全

在提供路径规划服务时，AI系统需要处理大量用户数据。这些数据包括用户的出行轨迹、个人信息等敏感信息。因此，数据隐私和安全是AI系统必须重视的问题。为了确保用户数据的隐私性，AI系统需要采用加密技术对用户数据进行保护，防止数据被非法获取或滥用。同时，AI系统还需要建立完善的安全防护体系，防止黑客攻击和数据泄露等安全事件的发生。

5. 算法准确性和可靠性

路径规划服务依赖于复杂的算法和模型。因此，算法的准确性和可靠性对于用户体验和效果至关重要。为了确保算法的准确性和可靠性，AI系统需要不断优化算法，并进行实时校准。通过大量的实际数据和用户反馈，AI系统可以不断学习和改进算法模型，提高路径规划的准确性和可靠性。同时，AI系统还需要建立完善的监控和评估机制，对算法的性能进行实时监测和评估，确保算法始终保持最佳状态。

基于AI的智能交通诱导与路径规划服务通过实时数据分析、智能导航、交通信号优化以及多因素综合考虑等功能，为交通参与者提供了更加便捷、高效的出行体验。同时，AI系统还需要关注数据隐私与安全性、算法准确性和可靠性等问题，以确保服务的稳定性和可靠性。

三、利用物联网与AI技术实现的智能交通解决方案

利用物联网（IoT）与人工智能技术（AI）实现的智能交通解决方案在改善城市交通管理、提高道路安全和促进可持续出行方面发挥了关键作用。以下是对这一解决方案的详细分析和归纳。

（一）智能交通监控与管理

1. 实时交通监测

智能交通监控与管理的首要任务是实时收集交通数据。通过部署在关键路段的物联网设备，如高清摄像头、传感器等，系统能够持续、精准地收集交通数据。这些数据包括车辆流量、车速、道路占用率等，它们为交通管理部门提供了

直观、全面的交通状况信息。此外，系统还能自动识别交通违规行为，如闯红灯、超速等，为交通执法提供有力支持。

2. 数据传输与处理

收集到的交通数据通过物联网网络高效、稳定地传输至中央处理系统。这一过程中，系统采用先进的加密技术和安全防护措施，确保数据的安全性和完整性。在中央处理系统中，AI 技术发挥了关键作用。通过对海量数据的实时分析和处理，AI 系统能够识别交通模式、预测交通状况，并为交通管理部门提供有价值的决策支持。

3. 智能决策支持

基于 AI 技术的数据分析结果，智能交通监控与管理系统能够为交通管理部门提供智能决策支持。这包括优化交通信号控制、调整交通流量、规划交通设施等。通过智能决策支持，交通管理部门能够提前预防交通拥堵、提高道路通行效率，并降低交通事故发生率。同时，系统还能根据实时交通状况动态调整交通管理策略，确保交通状况始终处于最佳状态。

（二）智能路径规划与导航

1. 实时路况信息

在智能路径规划与导航系统中，实时路况信息是至关重要的。物联网设备实时更新路况信息，包括道路拥堵、交通事故、施工封路等。这些信息通过物联网网络传输至导航系统，为路径规划提供有力支持。通过实时路况信息，导航系统能够准确评估不同路段的通行状况，并为用户推荐最优路径。

2. AI 路径规划

在路径规划过程中，AI 技术发挥了核心作用。AI 系统结合实时路况信息和用户出行需求，通过复杂的算法和模型计算出最优路径。这一过程中，AI 系统会综合考虑多种因素，如距离、时间、费用、道路状况等，确保为用户推荐最适合的路径。同时，AI 系统还具备学习能力，能够根据用户的历史出行数据和偏好不断优化路径规划算法，提高路径规划的准确性和可靠性。

（三）智能停车管理

在智能交通体系中，智能停车管理占据了至关重要的地位。随着城市化进程的加快，停车难成了许多城市面临的一大难题。而智能停车管理系统的引入，为这一问题提供了有效的解决方案。

1. 车位实时监测

智能停车管理系统通过物联网传感器实时监测停车位的使用情况。这些传感器安装在停车位上，能够精准地感知车位的占用状态，并将数据实时上传至云平台。云平台对收集到的数据进行分析和处理，生成实时的停车位使用情况报告。通过这一功能，车主可以实时了解周边停车位的空闲情况，避免盲目寻找车位的尴尬。

2. 车位预约与导航

除实时监测功能外，智能停车管理系统还提供了车位预约与导航服务。用户可以通过手机 APP 预约停车位，选择预约的时间段和停车场。在预约成功后，系统会生成一个唯一的预约码，并为用户提供导航服务，引导用户快速找到预约的车位。这一功能不仅提高了停车的便捷性，还有效减少了因寻找车位而产生的交通拥堵和尾气排放。

3. 智能化收费管理

智能停车管理系统还实现了停车费的自动计算和支付。通过物联网技术，系统能够自动记录车辆的停放时间和停车费用，并在用户离开时自动扣款。这一功能不仅提高了停车管理的效率，还避免了因人工收费而产生的纠纷和误差。同时，系统还支持多种支付方式，如支付宝、微信支付等，为用户提供了更加便捷的支付体验。

（四）智能交通安全管理

智能交通安全管理是确保道路交通安全的重要环节。通过引入 AI 技术和物联网技术，智能交通安全管理系统能够实现对交通安全的全方位监控和管理。

1. 交通事故预警

智能交通安全管理系统利用 AI 技术对实时交通数据进行分析，预测潜在交通事故。系统通过收集和分析交通流量、车速、道路状况等数据，运用先进的算法和模型进行事故预测。当预测到潜在事故时，系统会向驾驶员发出预警信息，提醒驾驶员注意交通安全。这一功能能够有效减少交通事故的发生，提高道路通行的安全性。

2. 闯红灯抓拍

为了规范驾驶员的驾驶行为，智能交通安全管理系统还具备闯红灯抓拍功能。通过物联网摄像头和 AI 图像识别技术，系统能够自动抓拍到闯红灯的车辆。一旦有车辆闯红灯，摄像头会立即捕捉到车辆的违法行为，并将抓拍到的图片上传至云平台。云平台会对图片进行自动识别和比对，确认违法事实后，系统会将违法信息发送给交通管理部门进行处理。这一功能不仅提高了交通执法的效率，还有效遏制了闯红灯等违法行为的发生。

3. 驾驶员行为监测

除闯红灯抓拍外，智能交通安全管理系统还利用物联网传感器和AI技术监测驾驶员的驾驶行为。通过安装在车辆上的传感器，系统能够实时监测驾驶员的驾驶状态，如疲劳驾驶、超速等。一旦发现驾驶员存在不良驾驶行为时，系统会立即向驾驶员发出预警信息，提醒驾驶员注意安全驾驶。同时，系统还会将驾驶员的驾驶行为数据上传至云平台进行存储和分析，为交通管理部门提供数据支持。这一功能有助于及时发现和纠正驾驶员的不良驾驶行为，提高道路通行的安全性。

（五）智能交通环保节能

在智能交通系统中，环保节能是不可或缺的组成部分，它对于缓解交通压力、减少污染排放以及保护环境具有重要意义。

1. 交通拥堵缓解

智能交通系统通过实时交通监测、智能决策支持等手段，有效缓解城市交通拥堵。当交通流量增大时，系统能够迅速识别并调整交通信号控制策略，优化交通流量分配，从而减少车辆等待时间和行驶距离。这不仅提高了道路通行效率，也降低了车辆尾气排放对空气质量的影响。同时，通过智能停车管理，系统能够合理引导车辆停放，减少因寻找车位而产生的交通拥堵和尾气排放。

2. 公共交通优化

公共交通是城市交通体系的重要组成部分，也是缓解交通拥堵、减少污染排放的有效途径。智能交通系统利用AI技术，对公共交通线路和班次进行优化，提高公共交通的吸引力和使用效率。通过实时分析交通流量和乘客需求，系统能够动态调整公交线路和班次，确保公交车辆按照最优路径行驶，减少空驶和绕行。此外，系统还能够提供实时公交信息查询和导航服务，方便乘客选择最优的出行方式。

3. 新能源汽车支持

随着新能源汽车的快速发展，智能交通系统为新能源汽车的推广和应用提供了有力支持。通过物联网技术，系统能够实时监测新能源汽车的充电需求、电池状态等信息，并为新能源汽车提供充电服务。同时，系统还能够为新能源汽车提供导航服务，引导车辆选择最优的充电站和行驶路线。这不仅提高了新能源汽车的使用便捷性，也促进了新能源汽车的普及和推广。

（六）智能出行服务

智能出行服务是智能交通系统的重要组成部分，它为用户提供更加个性化、便捷的出行体验。

1. 个性化出行推荐

基于AI技术的用户行为分析，智能出行服务能够为用户提供个性化的出行推荐。通过分析用户的出行历史、偏好等信息，系统能够推荐适合用户的旅游景点、餐饮等。这些推荐不仅符合用户的个性化需求，也能够帮助用户发现更多有趣的地方和活动。同时，系统还能够根据实时交通状况和天气情况，为用户提供最优的出行时间和路线规划。

2. 出行数据分析

智能出行服务利用大数据和AI技术，对用户的出行数据进行深入的分析。通过对用户的出行时间、路线、方式等信息进行统计和分析，系统能够了解用户的出行需求和习惯，为城市规划、交通管理等提供决策支持。这些数据分析结果可以帮助相关部门更好地了解城市交通状况和需求变化，从而制定更加科学合理的交通规划和管理策略。同时，这些数据也可以为商业决策提供支持，如旅游景点的开发、餐饮店的选址等。

利用物联网与AI技术实现的智能交通解决方案在多个方面为城市交通管理带来了革命性的变化。这些解决方案不仅提高了交通管理的智能化水平，还促进了道路安全、环保节能和可持续发展。

第六章 人工智能技术的伦理和法律问题分析

第一节 人工智能技术的伦理问题分析

一、AI技术引发的道德困境与伦理挑战

随着人工智能技术的快速发展和广泛应用，其带来的道德困境与伦理挑战也日益凸显。以下是AI技术引发的主要道德困境与伦理挑战。

（一）隐私与数据安全

在人工智能技术的广泛应用中，隐私与数据安全问题显得尤为重要。AI系统为了能够进行精确的学习、推理和决策，通常需要海量的个人数据作为支撑。这些数据可能涵盖用户的个人信息、行为习惯、消费记录等敏感信息。然而，随着数据的收集、存储和分析，用户隐私泄露和数据滥用的风险也随之增加。

以智能语音助手为例，这类设备通过捕捉用户的语音指令来提供服务，但也可能无意中记录下用户的私人对话或敏感信息。同样，智能家居设备通过传感器收集用户的生活习惯、家庭成员的活动等信息，这些数据的泄露可能会对用户造成极大的困扰和损失。

故而，如何确保用户数据的隐私和安全，成了AI技术发展中必须面对的重要伦理问题。首先，技术开发者需要严格遵守数据保护法规，确保用户数据的合法收集和使用。其次，需要采取技术手段，如数据加密、匿名化处理等，来保护用户数据的安全。此外，用户也需要增强自我保护意识，谨慎使用智能设备，避免泄露个人信息。

（二）人际关系

随着AI技术的飞速发展，AI系统的智能化程度越来越高，其表现出的智能化特征让人不禁开始思考：AI是否具有意识、情感和道德选择能力？这一问题引发

了关于人机关系、AI 的道德地位和道德责任等问题的深入讨论。

以自动驾驶汽车为例，当车辆面临必须选择保护乘客还是行人的情境时，AI 系统应如何做出决策？这是一个典型的道德困境，涉及对生命价值的权衡和选择。传统的道德观念通常认为，人类应该具有道德选择能力，并能够对自己的行为负责。然而，在 AI 系统中，决策过程往往是由算法和数据驱动的，这使得 AI 的道德选择能力变得模糊和复杂。

所以需要对人机关系进行重新审视和思考。首先，需要明确 AI 系统的道德地位和责任范围。虽然 AI 系统不具备人类的意识和情感，但它们在某些方面已经具备了类似人类的行为特征和能力。需要对 AI 系统的行为进行规范和约束，确保其符合人类的价值观和道德标准。其次，需要加强对 AI 系统的监管和评估，确保其在各种情境下都能做出符合道德要求的决策。最后，也需要提高公众对 AI 技术的认识和了解，增强公众对 AI 系统的信任和理解。

（三）失业问题

随着 AI 技术的广泛应用，许多传统工作岗位正面临着被自动化和智能化技术替代的风险。在制造业领域，机器人和自动化生产线已经取代了部分人力工作，而在服务业，如零售、客服等，AI 聊天机器人和自动化流程也逐渐普及。这种趋势不仅导致了大量工人的失业，还可能加剧社会不平等现象，因为那些缺乏高级技能或教育背景的工人更容易受到冲击。

失业问题不仅是一个经济问题，更是一个伦理问题。它涉及如何平衡 AI 技术带来的经济效益与社会成本，确保技术的发展能够惠及所有社会成员。为了实现这一目标，需要制定一系列的政策和措施。首先，政府应该加强职业培训和教育，帮助失业工人学习新技能，以适应 AI 时代的发展。其次，还需要探索新的就业模式，如共享经济、远程工作等，为失业者提供更多的就业机会。最后，还需要关注社会保障制度，确保失业者能够得到基本的生活保障和福利支持。

（四）武器化

AI 技术在军事领域的应用引发了广泛的关注和担忧。自主武器系统的发展使得战争的性质和规则发生了根本性变化。首先这些系统能够自主识别目标、决策和行动，甚至可能在没有人类干预的情况下发动攻击。这不仅增加了战争的不确定性和风险，还可能引发一系列伦理和道德问题。

自主武器系统可能无法准确判断目标和意图，导致无辜平民的伤亡。其次，这些系统可能缺乏道德判断和同情心，无法像人类士兵那样考虑战争的伦理和道德后果。最后，AI 武器系统的发展还可能加剧军备竞赛和地区紧张局势，威胁全球和平与稳定。

因此，需要制定严格的法规和政策来限制 AI 技术在军事领域的应用。这包括禁止开发和使用自主武器系统、加强国际合作和监管等。同时，还需要加强对 AI 技术的伦理和道德教育，确保其在军事领域的应用符合人类的价值观和道德标准。

（五）偏见与歧视

AI 系统的决策通常基于历史数据进行训练和优化。然而，如果这些历史数据中存在偏见和歧视，那么 AI 系统的决策也可能延续这些偏见和歧视。这种现象在招聘、信贷、司法等领域尤为突出。

例如，在招聘领域，如果 AI 系统基于历史数据中的性别、种族或年龄等敏感信息做出决策，就可能导致对某些群体的歧视。同样，在信贷领域，如果 AI 系统基于历史数据中的收入水平或信用记录等信息做出决策，就可能忽视一些有潜力的申请人。

为了解决这个问题，需要确保 AI 系统的数据来源多样性和代表性，避免使用存在偏见和歧视的数据。同时，还需要加强对 AI 系统的监管和评估，确保其决策过程公正、中立和透明。此外，还需要加强对 AI 技术的伦理教育，提高开发者和使用者的道德意识，确保 AI 技术能够真正为人类社会的发展作出贡献。

（六）透明度和问责制

AI 系统的决策过程通常复杂且难以解释，这导致了透明度和问责制的问题。当 AI 系统做出错误决策或引发不良后果时，往往难以确定责任归属和追责路径。这不仅影响了公众对 AI 技术的信任和接受度，还可能引发一系列法律和道德问题。

为了解决这个问题，需要加强对 AI 系统的透明度和可解释性研究。这包括开发新的算法和技术，使 AI 系统的决策过程更加清晰和易于理解。同时，还需要建立有效的问责机制，确保当 AI 系统出现问题时能够追责到具体的责任人。此外，还需要加强对 AI 技术的监管和评估，确保其符合法律法规和道德标准。

AI 技术的快速发展和广泛应用带来了诸多道德困境与伦理挑战。在推动 AI 技术发展的同时，必须重视并解决这些伦理问题，确保 AI 技术的发展符合人类的价值观和利益。

二、人工智能伦理原则的制定与实施

（一）人工智能伦理原则的制定

在制定人工智能伦理原则时，需要综合考虑AI技术发展所带来的各种伦理挑战，确保这些原则能够指导AI技术的健康发展，并保护人类社会的利益。以下是一些关键的人工智能伦理原则。

1．保障人类安全

人工智能技术的发展和应用必须以确保人类的安全为前提。这意味着在AI技术的设计、开发和应用过程中，必须优先考虑人类的安全和福祉。无论是自动驾驶汽车、智能家居设备还是医疗诊断系统，AI技术都必须具备高度的安全性和可靠性，以避免对人类造成任何形式的伤害。此外，对于可能出现的风险和挑战，需要建立有效的预警和应对机制，确保在发生意外情况时能够迅速采取措施，保障人类的安全。

2．促进公平公正

AI技术应促进社会的公平公正。随着AI技术的普及和应用，必须确保这项技术能够惠及所有人群，而不是加剧社会不平等现象。这意味着在AI技术的设计、开发和应用过程中，需要充分考虑不同群体的需求和利益，避免由于技术偏见或歧视而导致的不公平现象。同时，还需要建立公平的数据使用和分配机制，确保所有人都能够平等地享受AI技术带来的便利和福祉。

3．保护隐私安全

在收集和使用个人数据时，必须遵循隐私保护原则，确保用户数据的安全和隐私不被侵犯。随着AI技术的广泛应用，个人数据的收集和使用变得日益普遍。然而，这些数据往往包含用户的敏感信息，如身份信息、位置信息、消费习惯等。因此，在收集和使用这些数据时，必须严格遵守隐私保护原则，确保用户数据的安全和隐私不被泄露或滥用。同时，还需要建立有效的数据管理和保护机制，确保数据的安全性和可靠性。

4．确保可控可信

AI系统应具备高度的可控性和可解释性，确保人类能够理解和控制AI系统的行为。随着AI技术的智能化程度不断提高，AI系统的行为变得越来越复杂和难以预测。因此，需要确保AI系统具备高度的可控性和可解释性，使人类能够理解和控制其行为。这意味着在AI系统的设计和开发过程中，需要采用可解释性强的算法和模型，并建立有效的监控和评估机制，确保AI系统的行为符合人类的期望和要求。

5．强化责任担当

AI 技术的开发者、使用者和相关机构应承担起相应的伦理责任，确保 AI 技术的应用符合伦理要求。AI 技术的发展和应用涉及多个领域和利益相关方，因此需要明确各方的责任和义务。AI 技术的开发者需要承担起技术设计和开发的责任，确保其技术符合伦理和法律要求；AI 技术的使用者需要承担起使用和维护的责任，确保其技术应用的合法性和道德性；相关机构则需要承担起监管和评估的责任，确保 AI 技术的发展和应用符合社会公共利益和伦理要求。只有各方共同努力，才能确保 AI 技术的应用真正符合人类的价值观和利益。

为了制定这些原则，国家和国际组织已经开展了一系列的工作。例如，《新一代人工智能伦理规范》由国家新一代人工智能治理专业委员会于 2021 年 9 月 25 日发布，旨在将伦理道德融入人工智能全生命周期，为从事人工智能相关活动的自然人、法人和其他相关机构等提供伦理指引。此外，《人工智能伦理问题建议书》也在联合国教科文组织第 41 届大会上获得通过，为 AI 技术的伦理发展提供了全球性的指导。

（二）人工智能伦理原则的实施

在实施人工智能伦理原则时，需要采取一系列措施来确保这些原则得到有效执行。以下是一些关键的实施措施。

1．加强法律法规建设

在 AI 技术迅猛发展的背景下，加强法律法规建设显得尤为重要。这就需要制定和完善一系列与 AI 技术相关的法律法规，以明确 AI 技术的伦理要求和法律责任。这些法律法规应涵盖 AI 技术的设计、开发、应用、监管等各个环节，确保 AI 技术的健康发展在法律框架内进行。通过明确的法律规定，可以为 AI 技术的研发和应用提供明确的指导，防止因技术滥用或误用而引发的各种伦理问题。同时，法律法规的完善还可以为 AI 技术的监管提供有力的法律保障，确保 AI 技术的使用符合伦理和法律要求。

2．建立监管机制

为了确保 AI 技术的合规性和伦理性，需要建立专门的监管机构或委员会。这些机构或委员会应具备独立性和专业性，负责对 AI 技术的开发、应用和使用进行全面监督和评估。监管机构或委员会应制定详细的监管规则和流程，确保 AI 技术的研发和应用符合伦理和法律要求。同时，监管机构或委员会还应建立有效的信息收集和反馈机制，及时收集和处理社会各界对 AI 技术的意见和建议，为 AI 技术的伦理发展提供重要参考。通过加强监管机制的建设，可以确保 AI 技术的合规性和伦理性，为 AI 技术的健康发展提供有力保障。

3. 加强教育培训

AI 技术的开发者、使用者和相关机构在 AI 技术的伦理发展中起着至关重要的作用。因此，需要加强对这些群体的教育培训，提高他们的伦理意识和道德素质。教育培训应涵盖 AI 技术的伦理原则、法律法规、案例分析等方面，帮助相关人员深入了解 AI 技术的伦理问题和挑战。通过教育培训，可以增强相关人员的责任感和使命感，促使他们自觉遵守伦理原则，确保 AI 技术的研发和应用符合伦理和法律要求。同时，教育培训还可以为相关人员提供必要的知识和技能，帮助他们更好地应对 AI 技术带来的挑战和问题。

4. 推动公众参与

AI 技术的发展和应用与公众利益密切相关，因此需要积极推动公众参与 AI 技术的伦理讨论和监督。通过广泛收集社会各界的意见和建议，可以更好地了解公众对 AI 技术的期望和关注点，为 AI 技术的伦理发展提供重要参考。同时，公众参与还可以增强公众对 AI 技术的信任度和支持度，为 AI 技术的健康发展营造良好的社会氛围。为了实现公众参与的目标，可以采取多种方式和渠道，如举办公众论坛、开展问卷调查、建立在线讨论平台等，为公众提供表达意见和建议的机会和平台。通过公众参与，可以共同推动 AI 技术的伦理发展，确保 AI 技术的应用符合公众期望和利益。

人工智能伦理原则的制定与实施是一个复杂且重要的任务。通过制定明确的伦理原则和加强实施措施，可以确保 AI 技术的健康发展符合人类社会的价值观和利益，为人类的未来发展提供有力支持。

三、机器伦理与人工智能的自主决策能力探讨

随着人工智能技术的飞速发展，机器伦理与人工智能的自主决策能力成了人们关注的焦点。这两者之间存在着密切的关联，因为 AI 的自主决策能力在很大程度上决定了其是否符合伦理原则。下面将从几个方面探讨机器伦理与人工智能自主决策能力的关系。

（一）机器伦理的基本原则

机器伦理是在设计和应用人工智能技术时，必须严肃考虑的一系列伦理原则和规范。这些原则不仅是对技术发展的期望，更是对人类社会负责任的体现。以下是机器伦理的几个基本原则。

第一，保障人类安全是机器伦理的核心原则。这意味着 AI 的决策和行为应始

终以确保人类的安全为前提。无论是家庭机器人、医疗诊断系统还是自动驾驶汽车，AI 系统都应具备高度的安全意识，避免任何可能对人类造成伤害的行为。这种安全意识应贯穿于 AI 系统的整个生命周期，从设计、开发到应用、维护。

第二，促进公平公正也是机器伦理的重要原则。AI 的决策不应偏袒任何一方，而应公正无偏。这意味着 AI 系统在设计时应考虑到不同社会群体的需求，避免由于技术偏见或歧视而加剧社会不平等。同时，AI 系统的应用也应确保所有人都能平等地享受技术带来的便利和福祉，而不是成为少数人的特权。

第三，保护隐私安全是机器伦理不可忽视的方面。在收集和使用个人数据时，AI 系统应严格遵循隐私保护原则，确保用户数据的安全和隐私不被侵犯。这意味着 AI 系统应采取加密、匿名化等技术手段，防止用户数据被非法获取或滥用。同时，AI 系统的设计者、开发者和使用者也应遵守相关法律法规，对用户数据负责。

第四，确保可控可信是机器伦理的基本要求。AI 系统应具备可解释性和可控性，这意味着人类应能理解 AI 的决策过程，并能够在必要时对其进行干预和调整。这种可控性不仅是对 AI 系统本身的要求，更是对人类负责任的体现。通过确保 AI 系统的可控性，可以避免由于技术失控而引发的各种风险和问题。

（二）人工智能的自主决策能力

人工智能的自主决策能力是指 AI 系统能够基于其学习和分析能力，独立地做出决策。这种能力使得 AI 在多个领域，如智能制造、自动驾驶等，都能发挥重要作用。然而，这种自主决策能力也带来了一系列伦理问题。

随着 AI 自主决策能力的提高，责任归属问题变得日益突出。当 AI 系统独立做出决策并产生后果时，需要明确责任归属。虽然 AI 系统本身不具备法律意义上的责任能力，但其设计者、开发者和使用者可能需要承担相应的责任。因此，在开发 AI 系统时，需要明确责任分工和追责机制，确保在出现问题时能够迅速找到责任人并采取相应措施。

透明性和可解释性也是 AI 自主决策能力带来的重要伦理问题。为了确保 AI 系统的决策符合伦理原则和法律要求，需要确保 AI 系统的决策过程具备透明性和可解释性。这意味着需要研发新的算法和技术手段，使得 AI 系统的决策过程能够被人类理解和控制。同时，也需要建立相应的监督机制和评估体系，对 AI 系统的决策过程进行监督和评估。

自主性与控制性之间的平衡也是 AI 自主决策能力带来的挑战之一。随着 AI 自主决策能力的提高，需要在保障 AI 系统自主性的同时，确保其决策符合人类的期望和利益。这就需要建立相应的控制机制和干预手段，在必要时对AI系统的决策进行干预和调整。同时，也需要加强对AI系统的监管和评估，确保其决策符合伦理原则和法律要求。

（三）机器伦理与自主决策能力的关系

在探讨人工智能（AI）的伦理问题时，不可避免地要关注到机器伦理与AI自主决策能力之间的关系。随着AI技术的不断进步，AI系统越来越多地展现出自主决策的能力，而这种能力背后所涉及的伦理问题也日益凸显。

第一，责任归属的问题。当AI系统独立做出决策并产生后果时，责任归属成了一个复杂而重要的议题。AI系统本身并不具备法律意义上的责任能力，因为它们缺乏主观意识和道德判断。然而，当AI系统的决策导致不良后果时，不能简单地将责任归咎于机器本身。相反，需要追溯到AI系统的设计者、开发者和使用者，他们可能需要承担相应的责任。这种责任归属的复杂性要求在设计、开发和使用AI系统时，必须充分考虑其可能带来的后果，并制定相应的责任机制。

第二，透明性和可解释性是机器伦理与自主决策能力之间的另一个重要关系。为了确保AI系统的决策符合伦理原则，需要确保其决策过程具备透明性和可解释性。这意味着AI系统应该能够清晰地解释其做出决策的依据和过程，使得人类能够理解和评估其决策的合理性。然而，由于AI系统的复杂性和算法的不可解释性，这一要求往往难以实现。为了解决这个问题，需要不断研发新的算法和技术手段，提高AI系统的透明度和可解释性。同时，也需要建立相应的监督机制，对AI系统的决策过程进行监督和评估，确保其符合伦理原则和法律要求。

自主性与控制性是机器伦理与自主决策能力之间的另一个关键关系。随着AI自主决策能力的提高，需要思考如何平衡其自主性与人类控制性之间的关系。一方面，希望AI系统能够具备足够的自主性，以便在复杂的环境中做出快速而准确的决策。另一方面，也希望保持对AI系统的控制，确保其决策符合人类的期望和利益。这种平衡的实现需要在设计AI系统时，充分考虑其自主性和可控性之间的平衡。可以通过设置合理的规则和限制，确保AI系统在自主决策的同时，也能够接受人类的干预和调整。同时，也需要建立相应的监督机制，对AI系统的决策进行实时监控和评估，以便在必要时进行干预和调整。

偏见和歧视是机器伦理与自主决策能力之间的另一个重要问题。由于AI系统的决策往往基于其训练数据，因此其决策可能会受到训练数据中的偏见和歧视性信息的影响。这种偏见和歧视可能导致AI系统做出不公平的决策结果，从而引发一系列伦理问题。为了解决这个问题，需要在设计和训练AI系统时，注重数据的多样性和公正性。可以采用多源数据融合、数据清洗和平衡等技术手段，减少数据中的偏见和歧视性信息。同时，也需要建立相应的评估机制，对AI系统的决策结果进行公正评估，确保其符合伦理原则和法律要求。

（四）解决策略

为了解决机器伦理与人工智能自主决策能力之间的冲突和矛盾，确保AI技术的健康发展符合伦理原则和法律要求，可以采取以下综合性的解决策略。

1．制定和完善法律法规

为了明确AI技术的伦理要求和法律责任，需要通过立法来规范AI技术的开发、应用和使用。这些法律法规应明确规定AI系统的设计、运行和决策过程中应遵循的伦理原则，并设定相应的法律责任。通过法律手段，可以为AI技术的健康发展提供强有力的保障，防止技术滥用和伦理失范。

2．加强监管和评估

为了确保AI技术的合规性和伦理性，需要建立专门的监管机构或委员会，对AI技术的开发、应用和使用进行监督和评估。这些机构应具备独立性和权威性，能够制定和执行严格的监管标准和评估体系。通过定期审查和评估AI系统的设计和决策过程，可以及时发现问题并采取相应的纠正措施，确保AI技术符合伦理原则和法律要求。

3．提高透明度和可解释性

为了增强AI系统决策的透明度和可解释性，需要研发新的算法和技术手段。这些技术应能够清晰地展示AI系统做出决策的依据和过程，使得人类能够理解和评估其决策的合理性。通过提高透明度和可解释性，可以建立人类与AI系统之间的信任关系，减少误解和疑虑，促进AI技术的广泛应用和接受。

4．促进公众参与和监督

公众参与和监督是确保AI技术伦理发展的重要途径。应该鼓励公众积极参与AI技术的伦理讨论和监督，广泛收集社会各界的意见和建议。通过设立公开透明的讨论平台，可以让更多人了解AI技术的发展现状和挑战，共同探讨解决方案。同时，还可以通过建立反馈机制，及时收集和处理公众对AI技术应用的意见和建议，促进AI技术的伦理发展符合公众期望和利益。

5．加强伦理教育和培训

为了确保AI技术的健康发展和伦理应用，需要加强相关人员的伦理教育和培训。这包括AI技术的设计者、开发者、使用者以及相关的政策制定者和监管人员。通过伦理教育和培训，可以提高相关人员的伦理意识和道德素质，增强他们在AI技术应用中的责任感和使命感。这将有助于形成一个更加负责任和可持续的AI技术生态系统。

6. 推动国际合作与交流

AI技术的伦理问题是一个全球性的挑战，需要各国共同应对。应该加强国际合作与交流，共同研究和解决AI技术的伦理问题。通过分享经验、交流观点和合作研究，可以促进全球范围内的AI技术伦理标准的制定和实施，推动AI技术的健康发展并造福全人类。

综上所述，机器伦理与人工智能的自主决策能力之间存在着密切的关系。需要通过制定和完善法律法规、加强监管和评估、提高透明度和可解释性以及促进公众参与和监督等措施，来确保AI技术的健康发展符合伦理原则和法律要求。

第二节　人工智能技术的法律责任问题分析

一、AI技术应用中的法律责任界定与归责原则

在人工智能（AI）技术的广泛应用中，法律责任的界定与归责原则成了不可回避的问题。随着AI技术的深入发展，其在医疗、交通、金融等领域的应用越来越广泛，而由此引发的法律责任问题也日益凸显。以下是对AI技术应用中法律责任界定与归责原则的详细分析。

（一）责任界定

AI的主体地位：当前，我国法律体系尚未明确赋予AI法律主体地位。这意味着AI本身无法直接承担法律责任。当AI系统造成损害或侵犯他人权益时，需要寻找并确定具体的责任主体。

开发者责任：开发者是AI技术的创造者，对AI的设计、编码和测试负有直接责任。如果开发者在开发过程中存在疏忽或过错，导致AI系统存在缺陷或安全隐患，进而造成损害，开发者应当承担相应的法律责任。例如，开发者未能充分考虑到AI系统的安全风险，导致在实际应用中发生安全事故，造成人员伤亡或财产损失，开发者应依法承担赔偿责任。

使用者责任：使用者是AI系统的实际操作者，对AI的使用负有直接责任。如果使用者在使用AI系统时存在过错，如滥用、误用或非法使用AI系统，导致侵犯

他人合法权益或造成损害，使用者应当承担相应的法律责任。例如，使用者利用AI系统实施诈骗、侵犯他人隐私等行为，应承担相应的刑事责任和民事责任。

运营者责任：运营者是提供AI服务的主体，对AI系统的运行、维护和管理负有直接责任。如果运营者未能充分履行监管职责，导致AI系统存在安全隐患或违法违规使用行为，运营者应承担相应的法律责任。例如，运营者未能及时发现并处理AI系统中的漏洞或安全威胁，导致用户数据泄露或系统崩溃，运营者应依法承担赔偿责任。

（二）归责原则

过错责任原则：当AI系统的设计、制造、使用或运营中存在过错，并导致了损害的发生时，应依据《中华人民共和国民法典》等相关法律规定，追究行为人（设计者、制造者、使用者或运营者）的侵权责任。过错责任原则强调行为人应当对其过错行为造成的损害负责。

无过错责任原则：在某些情况下，即使行为人没有过错，但法律规定应当承担侵权责任的，应适用无过错责任原则。这主要适用于一些高度危险作业或特殊领域，如AI技术在无人驾驶汽车、无人机等领域的应用。在这些领域，即使行为人没有过错，但因其行为可能给他人带来严重损害的风险，法律规定行为人应当承担相应的侵权责任。

公平责任原则：在某些情况下，虽然行为人没有过错，但按照公平原则，行为人应当对损害进行适当的补偿。这主要适用于一些特殊情况下，如AI系统因不可抗力因素导致损害的发生。在这种情况下，行为人虽然没有过错，但按照公平原则，应当对损害进行适当的补偿。

AI技术应用中的法律责任界定与归责原则是一个复杂而重要的问题。需要结合具体的法律规定和案件情况，综合考虑AI技术的特点和应用场景，明确责任主体和归责原则。随着AI技术的不断发展以及相关法律法规的不断完善，未来对于AI法律责任的规定将更加明确和具体，为AI技术的健康发展提供有力的法律保障。

二、人工智能系统的法律地位与权利义务关系

（一）人工智能系统的法律地位

1. 主体地位的否定

人工智能（AI）作为当代科技的杰出代表，确实拥有与人类相似的智能，能

够进行复杂的计算、学习和决策。然而，必须清醒地认识到，尽管AI在某些方面表现出惊人的能力，但它并未发展出人类所特有的理性。理性，作为人类思想的核心，涉及对事物本质、价值和意义的深入理解和判断，这是AI目前无法企及的。因此，不能简单地将AI视为拥有与人类相同地位的理性存在，并据此赋予其类似自然人的主体地位。

同时，AI虽然是人类智慧的产物，用于实现各种复杂的目标和任务，但从根本上说，它仍然是人类实现自身目的的工具。尽管AI的功能日益强大，但赋予其主体地位并无实际益处，反而可能引发一系列法律、伦理和社会问题。因此，也不应依据“工具论”将AI视为拥有类似法人的主体地位。

AI只能是客体而非主体，它始终处于人类的支配和控制之下。这并不意味着应该限制AI的发展和应用，而是要在确保人类主导地位的前提下，充分发挥AI的潜力，为人类社会的进步和发展贡献力量。

2．当前法律体系下的地位

在许多国家的法律体系中，AI的法律地位尚未得到明确的规定。这主要是因为AI技术的快速发展和广泛应用给法律领域带来了前所未有的挑战。传统的法律体系往往基于自然人和法人的概念构建，而AI作为一种全新的存在形式，其法律地位的界定需要考虑到技术、伦理、社会等多个方面的因素。

以欧盟为例，为了应对AI技术带来的挑战，欧盟在2021年提出了“欧洲人工智能法”的草案，旨在明确AI的法律地位、监管框架和伦理标准。然而，这一草案在各国间仍存在争议和分歧，尚未形成统一的认识和规定。

相比之下，美国、日本等其他国家在法律体系上对AI的法律地位尚未有明确规定。这些国家通常通过制定相关的法律、法规和政策来规范AI技术的研发、应用和管理，但并未直接涉及AI的法律地位问题。

在中国，《中华人民共和国民法典》虽然对AI在侵权中的法律责任进行了规定，但同样没有明确AI的法律地位。这意味着在当前的法律框架下，AI仍然被视为一种特殊的客体，其权利、义务和责任需要由人类来承担和界定。

故而，需要在不断探索和完善法律体系的过程中，逐步明确AI的法律地位，为AI技术的健康、有序发展提供有力的法律保障。

（二）人工智能系统的权利义务关系

1．权利

在当前的法律体系中，AI本身并不被赋予法律上的权利。这是因为AI缺乏自主意识、情感和道德判断能力，无法像自然人或法人那样享有权利。然而，作为AI的管理者或使用者，他们拥有对AI系统进行开发、监督、使用和应用的权利。

这些权利涵盖了AI系统生命周期的各个环节。首先，管理者或使用者有权制定AI系统的开发计划，包括确定系统的功能、性能要求和开发时间表等。其次，他们有权分配必要的资源，如资金、技术和人力，以确保AI系统的顺利开发。最后，在开发过程中，管理者或使用者还需要对开发过程进行监控，确保开发进度和质量的控制。

一旦AI系统开发完成，管理者或使用者有权决定将AI系统运用到哪些领域或任务中。他们可以根据实际需求和市场情况，灵活配置和调整AI系统，以满足不同场景下的应用需求。同时，他们还有权对AI系统进行维护和升级，以确保系统的稳定性和安全性。

2．义务

与权利相对应的是义务。AI的管理者或使用者必须承担相应的义务，以确保AI系统在一个道德、公正和安全的框架下运行。

他们必须确保AI系统的安全性。这包括保护系统免受黑客攻击、数据泄露和其他安全威胁，以及确保系统的稳定性和可靠性。他们还需要对AI系统进行定期的安全评估和漏洞修复，以应对不断变化的安全挑战。

管理者或使用者需要保护用户数据隐私。他们必须遵循相关的数据保护法规，确保用户数据的合法收集、存储和使用。在收集用户数据时，他们需要明确告知用户数据的用途和范围，并获得用户的明确同意。同时，他们还需要采取必要的技术和管理措施，防止用户数据的泄露和滥用。

管理者或使用者还需要遵循法律法规的要求。他们需要了解并遵守与AI技术相关的法律法规，包括知识产权法、消费者权益保护法、网络安全法等。在开发和应用AI系统时，他们需要确保系统的合规性，避免违法违规行为的发生。

如果AI在提供服务的过程中造成损害，管理者或使用者需要明确责任归属和赔偿机制。这包括确定产品责任、服务合同违约等方面的法律责任，并采取相应的补救措施，以减轻损害并保护用户的权益。

3．与其他法律主体的关系

AI系统与人类用户、开发者、运营者等法律主体之间存在复杂的权利义务关系。

开发者作为AI系统的创造者和提供者，需要确保AI系统的质量和安全性。他们需要遵循相关的技术标准和规范，进行充分的测试和验证，以确保AI系统的稳定性和可靠性。同时，他们还需要为AI系统提供必要的技术支持和维护服务，以满足用户的需求。

运营者作为AI系统的管理者和维护者，需要监管AI系统的使用。他们需要制定相关的管理制度和操作规程，以确保AI系统的合规使用和稳定运行。同时，他们还需要对AI系统的使用情况进行监控和分析，及时发现和解决问题，保障用户的权益。

用户作为AI系统的使用者和受益者，需要合理使用AI系统并保护自己的权益。他们需要了解AI系统的功能和性能要求，按照操作规程使用系统，并保护自己的账户和密码等敏感信息。同时，他们还需要及时反馈系统的使用情况和问题，以便开发者和运营者进行改进和优化。

这些法律主体之间的权利义务关系相互交织、相互影响，共同构成了AI技术应用的法律框架。

三、利用AI技术进行的侵权行为与法律责任认定

在探讨利用AI技术进行的侵权行为与法律责任认定时，需要从多个角度进行深入分析。以下将结合具体案例和法律规定，详细阐述这一问题。

（一）侵权行为类型

1. 版权侵权

在数字时代，AI技术的迅猛发展使得内容创作变得更加便捷和高效。然而，这也为版权侵权带来了新的挑战。以首例AI生成图片著作权侵权案为例，原告使用了一款先进的AI制图工具模型，生成了一张具有独特创意和艺术价值的图片，并将其发布在社交平台上。然而，不久以后，原告发现该图片被他人未经许可地使用了，不仅未注明图片的来源和作者的姓名，还通过信息网络进行了广泛的传播。

这一行为严重侵犯了原告的署名权及信息网络传播权。根据《中华人民共和国民法典》第一千一百六十五条的规定，如果行为人因过错侵害了他人的民事权益，包括著作权在内，那么该行为人应当承担侵权责任。在本案中，图片的使用者未经原告许可，擅自使用并传播了原告的作品，明显存在过错，因此应当承担相应的侵权责任。

2. 肖像权侵权

AI技术，特别是图像处理和识别技术，也可能被用于非法获取、处理或传播他人的肖像信息，从而侵犯他人的肖像权。肖像权是自然人享有的对自己肖像上所体现的人格利益为内容的一种人格权。如果AI技术被用于未经肖像权人同意，

擅自制作、使用、公开其肖像，或者以丑化、污损等方式侵害其肖像权，那么将构成侵权行为。

根据《中华人民共和国民法典》的相关规定，任何组织或者个人都不得以丑化、污损，或者利用信息技术手段伪造等方式侵害他人的肖像权。如果未经肖像权人同意，制作、使用、公开其肖像的行为，侵犯了他人的肖像权，那么侵权者应当承担相应的法律责任，包括赔偿损失、消除影响等。

3. 其他侵权

除版权和肖像权外，AI技术还可能涉及其他类型的侵权行为，如侵犯隐私权、名誉权等。隐私权是自然人享有的私人生活安宁与私人信息秘密依法受到保护，不被他人非法侵扰、知悉、收集、利用和公开的一种人格权。如果AI技术被用于非法获取、利用或公开他人的私人信息，那么将构成对隐私权的侵犯。

名誉权则是自然人或法人就其自身特性所表现出来的社会价值而获得社会公正评价的权利。如果AI技术被用于散布虚假信息、恶意诋毁他人名誉等行为，那么将构成对名誉权的侵犯。

对于这些侵权行为，应当根据不同侵权行为的性质，结合《中华人民共和国民法典》等相关法律规定，确定相应的法律责任。无论是侵权者还是其背后的AI技术使用者或开发者，都应当为其行为承担相应的法律责任，以维护社会秩序和公平正义。

（二）法律责任认定

1. 归责原则

在探讨AI技术相关的侵权责任时，首先需要明确归责原则。归责原则是指确定行为人是否承担侵权责任以及承担何种责任的标准或依据。以下是几种常见的归责原则。

（1）过错责任原则

过错责任原则是最基本的归责原则之一。它要求行为人（设计者、制造者或使用者）在AI的设计、制造或使用中存在过错，并因此导致了损害的发生时，才需要承担侵权责任。过错通常包括故意和过失两种形式。例如，如果AI的设计者故意在系统中设置缺陷以侵犯他人权益，或者因疏忽大意未能及时修复已知的漏洞，导致损害发生，那么设计者应当承担相应的侵权责任。

（2）无过错责任原则

在某些特殊情况下，即使行为人没有过错，但法律规定其应当承担侵权责任的，行为人也需要承担侵权责任。这主要适用于一些 AI 技术高度危险作业的场合，如无人机、自动驾驶汽车等。在这些领域，由于技术本身的复杂性和潜在的危险性，即使行为人已经尽到了合理的注意义务，仍然可能无法完全避免损害的发生。因此，法律规定在这些情况下适用无过错责任原则，以保护受害者的权益。

（3）公平责任原则

公平责任原则是在过错责任原则和无过错责任原则之外的一种补充原则。在某些情况下，虽然行为人没有过错，但如果按照公平原则，行为人应当对损害进行适当的补偿。这通常适用于一些无法确定过错责任归属的场合，或者行为人虽然无过错但受益于损害发生的场合。例如，在某些情况下，AI 系统的使用者可能并未直接参与侵权行为，但由于其使用行为间接导致了损害的发生，根据公平原则，使用者可能需要承担一定的补偿责任。

2. 责任主体

在确定归责原则后，还需要明确责任主体。在 AI 技术相关的侵权责任中，可能的责任主体包括 .

（1）开发者

开发者是 AI 系统的设计者和编程者。如果 AI 的设计或编程存在缺陷，导致侵权行为的发生，开发者可能需要承担责任。这包括但不限于未能充分测试系统、未能及时修复已知漏洞、设计不合理的算法等。

（2）使用者

使用者是 AI 系统的实际操作者。如果使用者滥用或误用 AI 系统，导致侵权行为的发生，使用者需要承担责任。这包括但不限于违反使用协议、超出系统授权范围进行操作、利用系统漏洞进行非法活动等。

（3）运营者

运营者是 AI 系统的管理者和维护者。如果运营者未能充分履行监管职责，导致 AI 系统存在安全隐患或违法违规使用行为，运营者可能需要承担责任。这包括但不限于未能及时发现和修复系统漏洞、未能对使用者进行有效的监管、未能对违法行为进行及时制止等。

3. 举证责任

在侵权纠纷中，举证责任是一个重要的问题。举证责任通常包括提供证据证明侵权行为的存在以及损害结果的责任。

（1）一般举证责任

在一般情况下，举证责任由侵权行为的受害者承担。受害者需要提供证据证明侵权行为的存在以及损害结果。这包括但不限于提供侵权行为的证据、证明损害与侵权行为之间的因果关系等。

（2）举证责任倒置

在某些特定情况下，如产品责任领域，举证责任可能倒置。这意味着举证责任由产品的生产者或销售者承担，他们需要证明其产品无缺陷或损害与产品无关。这是为了保护消费者的权益，减轻消费者的举证负担。在AI技术相关的产品责任纠纷中，如果AI系统存在缺陷导致损害发生，那么生产者或销售者可能需要承担举证责任，证明其产品无缺陷或损害与产品无关。

利用AI技术进行的侵权行为与法律责任认定是一个复杂而重要的问题。需要结合具体的法律规定和案件情况，综合考虑AI技术的特点和应用场景，明确责任主体和归责原则。同时，随着AI技术的不断发展以及相关法律法规的不断完善，未来对于AI法律责任的规定将更加明确和具体。

第三节　人工智能技术的道德问题分析

一、人工智能技术发展中的道德风险与防范策略

（一）道德风险

1．隐私泄露

在人工智能技术的广泛应用中，处理用户数据是不可避免的环节。然而，这些数据往往包含了大量的个人隐私信息，如身份证号、住址、电话号码等敏感数据。这些信息的泄露对于个人而言，可能意味着财产的损失、个人安全的威胁以及隐私权的严重侵犯。

（1）风险原因

数据处理的规模与复杂性：随着大数据的兴起和算法的不断发展，AI系统需要处理的信息量越来越大，数据处理的复杂性也日益增加。这种情况下，如何确保用户数据的安全和隐私成了一个严峻的挑战。

隐私保护法规的滞后：尽管许多国家和地区已经出台了相关的隐私保护法规，但这些法规往往难以跟上技术发展的步伐。在一些情况下，AI系统可能因缺乏严格的隐私保护法规而引发隐私泄露问题。

人为因素：AI 系统的运行往往离不开人类的参与。如果相关的工作人员缺乏隐私保护意识，或者存在故意泄露用户数据的行为，那么隐私泄露的风险将大大增加。

（2）风险实例

某大型互联网公司使用 AI 技术处理用户数据，由于系统存在安全漏洞，导致大量用户隐私信息被黑客窃取。这些信息包括用户的姓名、身份证号、银行卡号等敏感数据，给用户的财产和个人安全带来了严重威胁。

2. 基于算法的歧视

AI 系统的算法通常通过分析历史数据来做出决策。然而，如果历史数据中存在偏见或歧视，那么 AI 系统可能会重复这种歧视，导致不公平的结果。

在招聘领域，一些 AI 招聘软件使用算法来筛选候选人。然而，如果历史数据中存在对特定群体（如女性、少数民族）的偏见或歧视，那么这些算法可能会重复这种歧视，导致这些群体在招聘过程中受到不公平的待遇。

3. 自主系统的责任问题

随着 AI 技术的不断发展，越来越多的系统开始具备自主决策的能力。然而，这种自主决策也带来了一系列责任问题。由于人们往往难以理解 AI 系统内部运作的具体过程，因此在出现问题时，很难确定责任归属。

以自动驾驶汽车为例，当汽车在遇到紧急情况时做出决策时，人们往往难以理解其内部运作的具体过程。如果汽车的决策导致了事故，那么责任归属就可能成为一个复杂的问题。一方面，汽车制造商可能会认为责任在于汽车的使用者，因为他们没有正确地操作汽车；另一方面，使用者可能会认为责任在于汽车制造商，因为他们生产的汽车作出了错误的决策。此外，如果事故涉及多个 AI 系统（如自动驾驶汽车与智能交通系统之间的交互），那么责任归属就更加难以确定了。

（二）防范策略

随着人工智能技术的快速发展，道德和伦理问题日益凸显。为了确保 AI 技术的健康、可持续和道德发展，需要采取一系列防范策略。

1. 制定道德原则和指导方针

为 AI 系统制定明确的道德原则和指导方针是确保其在设计、开发和部署过程中遵循道德准则的关键。这些原则应涵盖公平性、透明度、隐私保护、安全性等方面，以确保 AI 技术的使用不会侵犯个人或群体的权益。

2. 跨学科合作

AI 技术的道德问题涉及多个领域，包括计算机科学、哲学、伦理学、社会学等。因此，需要鼓励这些领域的专家进行跨学科合作，共同研究和解决 AI 道德问题。通过共享知识、交流观点和经验，可以更全面地理解 AI 技术的道德挑战，并找到有效的解决方案。

3. 法规和政策

政府和监管机构在 AI 道德问题中扮演着至关重要的角色。他们应制定相应的法规和政策，规范 AI 系统的使用、数据收集和处理、隐私保护等方面，以确保 AI 系统的道德性和合规性。这些法规和政策应基于道德原则和指导方针，并考虑到技术发展和社会需求的变化。

4. 公众参与

AI 技术的影响是广泛而深远的，涉及众多利益相关者。因此，需要鼓励公众参与 AI 道德问题的讨论，以确保多元化的观点和利益相关者的需求得到充分考虑。这可以通过组织公开听证会、在线讨论、民意调查等方式实现，以便更全面地了解公众对 AI 技术的看法和期望。

5. 提高透明度和可解释性

AI 系统的决策过程往往复杂且难以理解，这可能导致用户对 AI 系统的信任度降低。因此，需要通过技术手段提高 AI 系统的透明度和可解释性，使用户和监管者能够了解其工作原理和决策过程。这可以通过开发可视化工具、提供详细的决策解释、允许用户审查和调整模型参数等方式实现。

6. 审计和监督

为了确保 AI 系统符合道德原则和法规要求，需要建立独立的审计和监督机制。这些机制应定期评估 AI 系统的道德性能，包括数据收集和处理、隐私保护、公平性等方面。如果发现任何违规行为或潜在风险，审计和监督机构应及时向相关方报告，并采取相应的纠正措施。

7. 可持续发展

AI 技术的发展应关注其对环境和社会的影响。需要确保 AI 技术符合可持续发展的原则，避免产生新的道德风险。这包括减少能源消耗、降低废弃物排放、提高资源利用效率等方面。同时，还需要关注 AI 技术对社会结构、就业和伦理关系等方面的影响，并采取相应的措施来减轻这些影响。

人工智能技术在发展过程中面临着隐私泄露、算法歧视、责任归属不明确等道德风险。为了防范这些风险，需要从制定道德原则、跨学科合作、制定法规政策、公众参与、提高透明度和可解释性、审计监督以及关注可持续发展等多个方面入手，确保 AI 技术的发展符合人类的道德价值观和社会利益。

二、机器道德与人类道德的冲突与协调问题研究

在人工智能技术的迅猛发展中，机器道德与人类道德之间的冲突与协调问题逐渐浮现。这两者之间的道德差异和如何实现其和谐共存，成了必须面对的重要议题。

（一）机器道德与人类道德的冲突

1. 道德认知的差异

在探讨AI技术的道德问题时，首先需要认识到机器道德与人类道德之间的显著差异。

机器道德：机器的道德认知主要基于预设的算法和程序。当面临道德困境时，机器会依据其内置的伦理规则和逻辑进行决策。然而，这种道德认知是固定且有限的，因为它缺乏对人类复杂道德情境的深入理解。机器的决策往往基于数据和逻辑，难以适应复杂多变的道德情境。

人类道德：相比之下，人类的道德认知则更加复杂和多样。它基于个人的社会经验、文化背景、价值观念等多方面因素。在面对道德困境时，人类会综合考虑各种因素，进行复杂的道德判断。这种道德判断往往受到情感、直觉、伦理原则等多方面的影响，具有高度的灵活性和多样性。

2. 道德责任的归属

当AI系统在自主决策过程中产生不良后果时，如何界定和追究其道德责任成为一个难题。传统的道德责任体系主要适用于具有主观意识和道德责任感的个体。然而，机器缺乏这些特性，使得传统的道德责任体系难以直接应用于机器。

在AI领域，道德责任的归属问题引发了广泛的讨论。一些人认为，AI系统的开发者、使用者或运营者应该承担道德责任，因为他们有权决定如何使用AI系统并控制其决策过程。另一些人则认为，AI系统本身也应该承担一定的道德责任，尤其是在其决策导致不良后果时。然而，如何界定和追究AI系统的道德责任仍然是一个未解的问题。

3. 道德价值观的冲突

除道德认知的差异外，机器的道德价值观也可能与人类存在差异。这种差异可能导致机器在决策时与人类产生冲突。

例如，在某些情况下，机器可能会为了达成某个目标而牺牲少数人的利益。这种决策在人类看来可能是不道德的，因为它违反了“公平”“正义”等普遍追求的道德价值观。然而，在机器看来，这种决策可能是最优的，因为它符合其内置

的伦理规则和逻辑。

在设计和开发AI系统时，需要充分考虑其道德价值观与人类价值观的兼容性。需要确保AI系统的决策不会违反人类的道德底线，同时不会对人类社会造成负面影响。这需要跨学科的合作和深入的研究，以确保AI技术的健康、可持续和道德发展。

（二）机器道德与人类道德的协调

1. 制定统一的道德标准

为了确保机器的行为能够与人类社会的道德价值观保持一致，需要制定一套统一的道德标准。这些标准不仅适用于机器，也适用于AI技术的开发、部署和使用者。实现这一目标需要全球范围内的合作与努力。

国际性组织和行业协会可以发挥领导作用，制定AI伦理规范，明确机器在道德方面的义务和权利。这些规范应基于普遍接受的道德原则，如尊重生命、公正、非歧视等，并考虑到不同文化和社会的差异。

政府应制定相关法律法规，将AI伦理规范纳入法律框架，为AI技术的道德监管提供法律支持。这些法律应明确规定机器的道德责任、数据隐私保护、算法透明度等要求，确保AI技术的使用符合道德标准。

2. 加强机器的道德教育

在机器的设计和编程阶段，可以融入更多的道德教育和价值判断。这意味着开发者需要在编写算法和程序时考虑到人类社会的道德准则。例如，可以为机器设定道德原则，使其在面临道德困境时能够依据这些原则进行决策。

此外，还可以开发专门的道德学习模块，使机器能够在运行过程中不断学习和更新道德知识。这些模块可以基于机器学习技术，通过分析人类社会的道德规范和案例，让机器逐渐理解并遵循人类的道德价值观。

3. 加强监管和评估

为了确保机器的行为符合道德标准，需要建立完善的监管和评估机制。这包括实时监测机器的行为和决策过程，确保其符合预定的道德规范和法律法规。

同时，还需要定期评估机器的道德性能，包括其处理道德困境的能力、数据隐私保护措施的有效性等方面。对于不符合道德标准的机器行为，应及时进行纠正和处罚，以确保其不会对人类社会造成负面影响。

4. 促进人机协同

人机协同是弥补机器在道德认知和责任归属方面不足的有效方式。在实际应用中，可以将人类的道德判断和机器的智能决策相结合，实现更高效的道德决策。

例如，在自动驾驶汽车中，可以将驾驶员的道德判断和汽车的智能决策系统相结合，以确保在紧急情况下能够做出符合道德要求的决策。同样，在医疗领域，可以将医生的道德判断和AI辅助诊断系统相结合，以提高诊断的准确性和道德性。

通过人机协同的方式，可以充分发挥人类和机器各自的优势，实现更加智能、高效和道德的社会发展。

机器道德与人类道德之间的冲突与协调是一个复杂而重要的问题。需要通过制定统一的道德标准、加强机器的道德教育、加强监管和评估以及促进人机协同等多种方式，实现机器与人类在道德层面的和谐共存。这不仅有助于推动人工智能技术的健康发展，也有助于维护人类社会的和谐稳定。

三、利用AI技术推动社会道德建设的路径与方法探讨

随着人工智能技术的不断发展，其在推动社会道德建设方面也展现出巨大的潜力。以下将探讨如何利用AI技术推动社会道德建设的路径与方法。

（一）提高AI系统的道德透明度与可解释性

在AI技术的发展过程中，道德透明度与可解释性成了重要的考量因素。为了增强公众对AI系统的信任，需要采取一系列措施来提高其道德透明度与可解释性。

1. 强化AI算法的可解释性

AI系统的决策过程往往基于复杂的算法和模型，这使得其决策过程对于非专业人士来说难以理解。为了提高AI算法的可解释性，可以采用一系列技术手段，如简化算法模型、开发可视化工具等，使AI系统的决策过程更加直观和易于理解。这不仅可以减少用户对AI系统的不信任感，还可以帮助专业人士对AI系统的道德性进行评估和监管。

2. 公开AI系统的数据使用和处理过程

AI系统的决策往往依赖于大量的数据。为了确保用户对AI系统的信任，需要公开AI系统的数据使用和处理过程。这包括明确告知用户哪些数据被用于训练AI模型、如何收集和处理这些数据以及这些数据如何影响AI的决策。通过公开这些信息，用户可以更好地了解AI系统的工作原理，从而增强对AI系统的信任。

（二）利用AI技术监测和预防道德风险

随着AI技术的广泛应用，道德风险也日益凸显。为了及时发现和预防道德风

险，可以利用AI技术来建立监测和预防机制。

1. 实时监测AI系统的行为

为了确保AI系统的行为符合道德规范和法律法规，需要建立完善的监控系统来实时监测AI系统的行为。这可以通过收集和分析AI系统的运行数据、监控其决策过程等方式实现。通过实时监测，可以及时发现AI系统可能存在的道德风险，并采取相应的措施进行干预。

2. 预警和纠正机制

在发现AI系统存在道德风险时，需要及时启动预警和纠正机制。预警和纠正机制可以通过设置阈值、触发条件等方式实现，当AI系统的行为达到或超过这些阈值时，系统会自动发出预警信号。纠正机制则包括暂停AI系统的运行、调整算法参数、更新数据等方式，以确保AI系统的行为符合道德规范和法律法规。通过预警和纠正机制，可以避免道德风险扩大化，保障AI技术的健康发展。

（三）通过AI教育提升公众道德意识

随着AI技术的普及和应用，公众对AI技术的了解和认识日益加深。然而，公众对AI技术的道德风险和挑战的认知尚显不足。因此，通过AI教育提升公众的道德意识显得尤为重要。

1. 开发AI道德教育课程

针对不同年龄段的公众，可以利用AI技术开发相应的AI道德教育课程。这些课程旨在帮助公众了解AI技术的基本原理、应用及潜在风险，引导公众树立正确的道德观念。课程内容可以包括AI技术的发展历程、AI技术的伦理挑战、AI技术的道德责任等方面，使公众对AI技术有一个全面而深入的认识。

2. 模拟道德情境

除了理论教育，还可以通过AI技术模拟各种道德情境，让公众在虚拟环境中进行道德决策练习。这种模拟方式可以让公众更直观地体验道德决策的复杂性和挑战性，提高公众的道德判断能力和道德敏感性。通过反复练习，公众可以逐渐形成自己的道德价值观和道德判断标准，从而更好地应对现实生活中的道德问题。

（四）促进人机协同的道德决策

在AI技术的发展过程中，人机协同的道德决策显得尤为重要。通过人机协同，可以更好地发挥AI技术的优势，同时避免其潜在的道德风险。

1．建立人机协同的道德决策框架

在人机协同的决策过程中，需要明确人机各自的角色和责任，确保道德决策的科学性和合理性。这包括明确AI系统的决策范围和权限、人类决策者的角色和职责以及人机之间的协作方式等。通过明确的框架和规则，可以确保人机协同的道德决策过程更加规范和有序。

2．利用AI辅助人类进行道德决策

AI系统具有强大的数据处理和分析能力，可以为人类提供道德决策的辅助支持。例如，AI系统可以通过分析大量的数据和信息，预测可能发生的道德风险和挑战，为人类决策者提供及时的预警和建议。此外，AI系统还可以根据人类的道德价值观和决策偏好，为人类提供个性化的道德决策建议。这些建议可以帮助人类决策者更全面地考虑问题，进而做出更加明智和符合道德规范的决策。

（五）加强国际合作与共同治理

AI技术的发展是全球性的，需要各国间的合作与共同治理。在道德领域，加强国际合作与共同治理尤为重要。

1．制定国际性的AI伦理规范

各国应加强合作，共同制定国际性的AI伦理规范。这些规范应基于普遍接受的道德原则和价值观，明确AI技术在道德领域的义务和权利。通过制定国际性的AI伦理规范，可以为AI技术的发展提供明确的道德指引，促进AI技术的健康发展。

2．建立跨国界的AI道德监管机制

为了加强对AI系统的监管和评估，需要建立跨国界的AI道德监管机制。这一机制可以包括制定统一的监管标准、建立信息共享平台、加强跨国界的执法合作等。通过跨国界的合作与监管，可以确保AI系统在全球范围内都符合道德规范和法律法规，避免AI技术的滥用和误用。

利用AI技术推动社会道德建设需要多方面的努力。通过提高AI系统的道德透明度与可解释性、利用AI技术监测和预防道德风险、通过AI教育提升公众道德意识、促进人机协同的道德决策以及加强国际合作与共同治理等路径与方法，可以更好地利用AI技术推动社会道德建设的发展。

第七章　人工智能的未来发展与战略展望

第一节　人工智能技术的创新趋势与预测

一、下一代 AI 技术的研究方向与突破点

下一代 AI 技术的研究方向与突破点可以归纳为以下几个方面。

（一）多模态人工智能

1. 突破点

多模态人工智能的核心突破点在于其能够实现对不同类型数据的全面和准确的分析与理解。这不仅仅涉及单一的数据类型，而是涵盖了图像、声音、文本等多种数据模态。为了实现这一目标，研究者们正在探索如何将计算机视觉、语音识别、自然语言处理等多种技术手段进行有效的结合。这种结合不是简单的技术堆砌，而是要实现各种技术手段之间的深度融合与互补，从而使得 AI 系统能够像人一样，从多角度、多层次地理解和分析数据。

2. 研究方向

随着技术的进步，多模态人工智能未来将更加注重数据的融合和集成。这意味着，不仅要收集和处理多种类型的数据，还要确保这些数据能够在统一的框架下进行高效的分析和解读。为了提高数据处理和分析的效率和质量，研究者们正在不断优化相关的算法和模型。同时，多模态深度学习算法的优化也成了一个重要的研究方向。通过改进算法，可以提高模型的泛化能力和鲁棒性，使得 AI 系统在面对各种复杂场景时都能够表现出色。

（二）复杂内容的创作

1. 突破点

在复杂内容的创作方面，下一代 AI 技术的突破点在于实现对文字、图像、音

频多种复杂内容的自动创作和生成。这不仅是简单的数据转换或复制，而是要求AI系统能够深入理解内容的内在逻辑和结构，从而创作出既有创新性又符合人们审美和实际需求的作品。为了实现这一目标，AI系统需要具备强大的数据分析和处理能力，以及高度的创作灵活性。

2. 研究方向

随着技术的不断发展，复杂内容创作领域的AI系统将更加注重模型的优化和个性化服务。这意味着，AI系统不仅需要能够创作出高质量的内容，还需要根据用户的喜好和需求进行个性化的定制。为了实现这一目标，研究者们正在不断探索如何将自然语言处理、计算机视觉等技术手段进行有效的结合，以提高模型对复杂数据的理解和分析能力。通过这种方式，可以期待AI系统在未来能够为提供更加精准和高效的创作和生成服务，从而满足人们日益增长的文化需求。

（三）情感智能

1. 突破点

情感智能的核心在于实现对人类情感状态的准确识别和理解，并基于这些理解进行有针对性的回复和交流。这要求AI系统不仅能够识别出文本或语音中的情感信息，如高兴、悲伤、愤怒等，还需要理解这些情感背后的深层含义和动机。例如，在对话系统中，AI需要能够感知用户的情感变化，并根据这些变化调整自己的回应策略，从而为用户提供更加贴心和人性化的服务。

2. 研究方向

随着技术的不断进步，情感智能的研究和应用将越来越注重情感认知和响应机制的研究。这意味着，研究者们将更加深入地探索人类情感的内在机制和表达方式，以及如何将这些机制应用到AI系统中。结合深度学习、自然语言处理等技术手段，AI系统将能够更准确地理解人类的语言和情感，并做出更加自然、流畅和个性化的回应。此外，随着多模态数据的广泛应用，情感智能也将逐渐扩展到图像、视频等领域，从而实现更加全面的情感感知和理解。

（四）多轮人机对话

1. 突破点

多轮人机对话的突破点在于实现对复杂的自然语言对话的准确识别和理解，以及基于这些理解进行相应的回应。这要求AI系统不仅能够理解用户单次提出的问题或需求，还需要能够跟踪对话的上下文和历史信息，以便更准确地把握用户的意图和需求。例如，在智能客服系统中，用户可能会连续提出多个问题或需求，AI 系统需要能够逐一回答这些问题，并在回答过程中保持对话的连贯性和一致性。

2. 研究方向

随着技术的不断发展，多轮人机对话将更加注重场景适应性和上下文感知能力的提高。这意味着，AI 系统将能够更深入地理解用户所处的环境和背景信息，并基于这些信息提供更加准确和个性化的回应。为了实现这一目标，研究者们将不断探索新的算法和模型，如深度学习、强化学习等，以优化对话模型的训练和优化过程。同时，随着自然语言处理技术的不断进步，AI 系统将能够更准确地理解用户的意图和需求，并在对话过程中展现出更高的智能水平和交互能力。此外，随着多模态数据的广泛应用，多轮人机对话也将逐渐扩展到图像、视频等领域，为用户提供更加丰富的交互方式和体验。

（五）强化学习

1. 突破点

强化学习的核心在于让 AI 系统通过与环境的不断交互来学习，从而逐渐优化其决策能力。这一突破点体现在 AI 系统不再依赖于事先设定的规则和程序，而是能够根据自身的经验和对环境的感知来自主地进行学习和改进。通过不断尝试和错误，AI 系统能够逐渐找到最优的决策策略，以适应复杂多变的环境。

2. 研究方向

随着技术的不断进步，强化学习在游戏、机器人控制、自动驾驶车辆等领域展现出了巨大的潜力。在游戏领域，强化学习算法使得 AI 系统能够像人类一样进行学习和决策，从而在棋类游戏、电子游戏等场景中达到甚至超越人类的水平。在机器人控制领域，强化学习使得机器人能够根据实时的环境反馈进行自我优化，以完成各种复杂的任务。在自动驾驶车辆领域，强化学习则使得车辆能够不断地学习驾驶技能和交通规则，以提高行驶的安全性和稳定性。

（六）伦理和可解释性

1. 突破点

随着 AI 系统在各领域的广泛应用，如何确保 AI 系统的决策透明、可解释且合乎伦理成了一个重要的突破点。这意味着 AI 系统需要能够在做出决策时提供充分的解释和理由，以便人们能够理解和信任其决策过程。同时，AI 系统还需要遵循一定的道德准则和规范，以确保其决策不会对人类造成负面影响。

2. 研究方向

随着社会对AI系统决策的可解释性和道德标准的要求日益增加，科技公司和研究机构正在积极寻求解决方案。一方面，他们正在开发更加透明和可解释的AI算法和模型，以便人们能够更好地理解AI系统的决策过程。另一方面，他们也在探索如何将伦理规范融入AI系统的设计和开发中，以确保AI系统的决策符合人类的价值观和道德标准。此外，一些领先的科技公司还在合作制定标准化的安全协议和负责任的AI创新，以解决潜在的风险和道德问题。

（七）边缘计算与AIoT

1. 突破点

边缘计算与AIoT的结合将AI技术应用于边缘设备，实现了数据的实时处理和分析，从而提高了响应速度和数据安全性。这一突破点体现在通过将AI算法嵌入物联网设备中，使得设备能够直接处理和分析收集到的数据，而无须将数据传输到云端进行处理。这不仅降低了数据传输的延迟和成本，还提高了数据的安全性和隐私保护能力。

2. 研究方向

随着物联网（IoT）设备的普及和智能化水平的提高，边缘计算与AIoT的结合将在未来发挥更加重要的作用。通过将AI技术应用于边缘设备，可以实现更加智能化、自然化和人性化的服务和应用场景。例如，智能家居系统可以通过边缘计算实现对家庭环境的实时感知和智能控制，从而提高居住的舒适性和便利性。同时，在工业自动化、智慧城市等领域，边缘计算与AIoT的结合也将推动智能化和自动化水平的提升，为社会带来更多的便利和效益。

二、人工智能技术的全球发展趋势分析

人工智能技术的全球发展趋势分析如下。

（一）通用人工智能的崛起

1. 趋势

近年来，人工智能领域取得了显著的进步，特别是大模型技术的飞速发展，预示着通用人工智能（AGI）的崛起。通用人工智能不仅能够在单一领域内表现出色，更能够跨领域学习、理解和执行任务。OpenAI、谷歌、微软等领先机构正在

投入巨大资源训练下一代的人工智能系统，这些系统拥有强大的自我迭代能力，能够从海量数据中学习并不断优化自身。

通用人工智能的崛起将带来深远的影响。首先，它将极大地提高人工智能系统的适用性和泛化能力，使得AI能够在更多领域发挥作用。其次，通用人工智能的出现将进一步推动自动化和智能化水平的发展，提高生产效率和生活质量。最后，通用人工智能也将对社会伦理、法律法规等方面提出新的挑战和要求。

2. 数字与信息

OpenAI作为人工智能领域的领军企业，一直致力于推动通用人工智能的发展。OpenAI的创始人之一Sam Altman在公开场合表示，他们预测在不久的将来，通用人工智能将在各方面超越人类水平。这一预测并非空穴来风，OpenAI已经在多个领域取得了显著的成果，如自然语言处理、图像识别等。

英伟达创始人黄仁勋也对通用人工智能的发展持乐观态度。他认为，随着计算能力的提升和算法的优化，通用人工智能可能在五年内超越人类在某些特定领域的智能水平。这一观点得到了许多业界专家的认同和支持。

（二）多模态人工智能的发展

1. 趋势

随着人工智能技术的不断发展，AI系统正逐渐能够同时处理多种数据类型，如文本、图像、音频和视频等。这种多模态能力将极大地增强AI在客户服务、智能家居、自动驾驶等领域的应用。例如，在客户服务领域，多模态AI可以同时分析用户的文本和语音信息，以更准确地理解用户需求和意图；在自动驾驶领域，多模态AI可以融合多种传感器数据，实现更安全的驾驶决策。

2. 数字与信息

多模态人工智能已经成为当前人工智能领域的研究热点之一。越来越多的企业和研究机构开始投入资源进行多模态AI技术的研发和应用。例如，谷歌、Facebook等科技巨头已经推出了基于多模态AI技术的产品和服务，如智能助手、智能音箱等。同时，学术界也在不断探索多模态AI技术的理论和应用，并为相关技术的发展提供了有力支持。

（三）生成式AI的广泛应用

1. 趋势

生成式AI，作为人工智能领域的一项重要分支，正逐渐展现出其作为新劳动主体的巨大潜力。这种技术能够模拟人类的创造过程，生成全新的、具有价值的内容。从简单的文本生成到复杂的图像、音频甚至视频创作，生成式AI都在不断地刷新着人们的认知。特别是在科学研究、内容创作等领域，生成式AI已经展现出了巨大的应用潜力。

在科学研究中，生成式AI可以帮助科学家快速生成实验数据、模拟实验过程，从而加速科学发现的进程。在内容创作领域，生成式AI不仅可以撰写新闻稿件、广告文案等，还可以生成小说、诗歌等文学作品，甚至能够编排交响乐、创作绘画等艺术作品。这些应用不仅大大提高了内容创作的效率，还为人们带来了全新的艺术体验。

2. 数字与信息

目前，生成式AI技术已经取得了显著的进展。例如，一些先进的生成式AI模型已经能够撰写复杂的叙事文章，这些文章在结构和语言上都具有较高的质量，甚至能够骗过人类的眼睛。在音乐创作方面，生成式AI也已经能够编排出富有感染力的交响乐作品，这些作品在旋律和节奏上都具有较高的艺术价值。

展望未来，生成式AI还有望在更多领域展现出其强大的创造力。例如，在与人合著畅销书方面，生成式AI可以通过学习大量的人类文学作品，模拟人类的写作风格和思路，从而与人类作家共同创作出优秀的文学作品。此外，在影视制作、游戏开发等领域，生成式AI也将发挥越来越重要的作用，为人们带来更加丰富多彩的文化娱乐体验。

（四）人工智能与各行各业的深度融合

随着人工智能技术的不断发展，其与各行各业的深度融合已经成为大势所趋。从医疗、智能制造到城市管理、金融等领域，人工智能都在加速推动各行各业的智能化转型。

在医疗领域，人工智能可以帮助医生进行疾病诊断、治疗方案制定等工作，提高医疗服务的效率和质量。同时，人工智能还可以通过分析大量的医疗数据，为医学研究提供有力的支持。

在智能制造领域，人工智能可以实现生产过程的自动化和智能化管理，提高生产效率和产品质量。此外，人工智能还可以帮助企业实现供应链的优化和管理，降低运营成本。

在城市管理领域，人工智能可以通过分析城市运行数据，为城市管理者提供决策支持。例如，在交通管理方面，人工智能可以通过实时分析交通流量和路况信息，为交通调度提供科学的依据；在公共安全方面，人工智能可以通过分析社交媒体和监控视频等数据，及时发现潜在的安全隐患并采取相应的措施。

在金融领域，人工智能可以帮助银行、保险等金融机构进行风险评估、客户画像等工作，提高金融服务的精准度和效率。同时，人工智能还可以通过分析大量的金融数据，为投资决策提供有力的支持。

（五）人工智能治理与伦理的强调

1．趋势

随着人工智能技术的快速发展和广泛应用，其对社会、经济、文化等各个领域的影响日益显著。这种广泛的应用使得AI的治理和伦理问题逐渐凸显，成了全球关注的焦点。各国政府、国际组织以及企业界都在加强对AI的治理和伦理监管，以确保其健康、有序、可持续地发展。

在AI治理方面，各国政府开始制定相关的法律法规和政策措施，以规范AI的研发、应用和管理。这些法律法规和政策措施旨在保护个人隐私、数据安全、知识产权等方面的权益，同时防范AI技术可能带来的风险和挑战。例如，欧盟在人工智能领域率先推出了《欧盟人工智能法案》，该法案明确了AI技术的监管原则和标准，对AI技术的研发、应用和管理提出了具体的要求和规定。

在AI伦理方面，人们开始关注AI技术的道德和伦理问题。这些问题包括AI技术的公正性、透明性、可解释性等方面。为了确保AI技术的道德和伦理原则得到贯彻和落实，各国政府、国际组织以及企业界都在加强AI伦理教育和培训，以提高公众对AI技术的认知和理解。同时，一些企业也开始将AI伦理纳入企业文化和核心价值观中，以推动企业自身的可持续发展。

2．数字与信息

欧盟在《欧盟人工智能法案》方面的进展是这一趋势的生动体现。该法案旨在确保AI技术的健康发展，并保护公民的权利和自由。该法案根据风险等级对人工智能系统进行分类，并相应地实施监管。这意味着高风险的人工智能系统将受到更严格的监管和审查，以确保其安全性和可靠性。这一法案的推出不仅为欧洲的人工智能领域提供了明确的监管框架，也为全球的人工智能治理和伦理监管提供了有益的借鉴和参考。

第二节　人工智能发展的关键领域与战略方向

一、重点发展的行业应用与市场前景

在人工智能（AI）发展的关键领域与战略方向中，行业应用与市场前景占据了极其重要的地位。以下是重点发展的行业应用及市场前景的详细分析。

（一）医疗健康

1．应用

在医疗健康领域，AI的应用正在以前所未有的速度扩展，深刻改变着医疗行业的面貌。从疾病预测到诊断，从个性化治疗到药物研发，AI都在发挥着至关重要的作用。

在疾病预测方面，AI通过对大量医疗数据的分析，能够识别出疾病的风险因素，预测疾病的发病趋势，为早期干预和预防提供科学依据。在诊断领域，AI通过深度学习等技术，可以辅助医生进行疾病诊断，提高诊断的准确性和效率。在个性化治疗方面，AI能够根据患者的基因信息、病情和身体状况等，为患者提供个性化的治疗方案，提高治疗效果和患者的生活质量。此外，AI还在药物研发领域展现出巨大潜力，通过模拟药物与人体细胞的相互作用，加速新药的研发过程，降低研发成本。

2．市场前景

随着AI算法对大量基因数据的分析能力的提升，AI在医疗健康领域的应用将越来越广泛，市场前景广阔。AI能够为患者提供精准的治疗方案，帮助医生更准确地诊断疾病，为医疗行业带来革命性的变革。据预测，AI在医疗健康领域的市场规模将持续扩大，成为推动医疗行业发展的重要力量。

（二）金融服务

1．应用

在金融服务领域，AI的应用已经深入到风险评估、欺诈监测、客户服务等多个方面。AI可以通过对海量数据的实时分析和处理，为金融机构提供准确的风险评估结果，帮助金融机构更好地管理风险。同时，AI还可以通过对交易数据的分

析，及时发现欺诈行为，保护金融机构和客户的资金安全。在客户服务方面，AI可以通过智能客服系统，为客户提供24小时不间断的在线服务，提高客户服务的效率和质量。

2. 市场前景

随着AI技术的不断进步和应用场景的不断拓展，AI在金融服务领域的市场前景十分广阔。AI能够更准确地评估风险、提升客户服务质量，并降低运营成本，为金融机构带来更大的商业价值。据相关报告预测，AI在金融服务领域的市场规模将持续增长，成为推动金融行业创新的重要力量。随着技术的不断发展和应用场景的不断拓展，AI将在金融服务领域发挥越来越重要的作用。

（三）智能制造

1. 应用

在智能制造领域，AI技术的应用已经深入各个生产环节。首先，AI在自动化生产线上发挥着重要作用，通过机器人和自动化设备，实现生产过程的自动化和智能化，大大提高生产效率。其次，AI在供应链管理方面也表现出色，通过实时数据分析，预测和优化物料采购、库存管理和物流配送等流程，降低运营成本，提高供应链的响应速度。最后，AI在产品优化方面也发挥着重要作用，通过对产品数据的分析，发现潜在的设计问题和改进空间，为产品迭代和创新提供有力支持。

2. 市场前景

随着工业4.0的推进，制造业对智能化、自动化的需求越来越强烈。AI技术的应用将使得制造业能够实现更高效的生产、更精准的供应链管理以及更个性化的产品定制。这种趋势将推动AI在智能制造领域的市场规模持续扩大，为制造业带来革命性的变革。

（四）智能交通

1. 应用

在智能交通领域，AI技术的应用主要体现在自动驾驶、交通监控和智能调度等方面。自动驾驶技术通过集成感知、决策和控制等多个AI模块，实现车辆的自主驾驶和智能导航。交通监控系统则利用AI技术实时分析交通流量和路况信息，为交通管理部门提供科学的决策支持。智能调度系统则通过AI技术优化交通信号灯控制和车辆调度，缓解交通拥堵，提高交通效率。

2. 市场前景

随着自动驾驶技术的不断发展和完善，智能交通将成为未来交通系统的核心。据预测，AI 在智能交通领域的市场规模将迅速增长，为出行带来更多便利和安全。此外，智能交通还将带动相关产业的发展，如车联网、智能交通基础设施等，形成庞大的产业链和生态系统。

（五）教育科技

1. 应用

在教育科技领域，AI 技术的应用已经渗透到教学的各个环节。智能教学系统通过 AI 技术实现个性化教学，并根据学生的学习情况和需求提供定制化的学习资源和教学方法。个性化学习平台则利用 AI 技术分析学生的学习行为和习惯，为学生推荐适合的学习内容和路径。教育评估系统则通过 AI 技术实现对学生学习成果的自动评估和反馈，帮助教师更好地了解学生的学习情况。

2. 市场前景

随着在线教育的发展，AI 在教育科技领域的市场前景看好。AI 技术能够为学生提供更加个性化、高效的学习体验，同时帮助教师更好地评估学生的学习情况。这种趋势将推动 AI 在教育科技领域的市场规模持续扩大，为教育行业带来革命性的变革。

（六）零售与电子商务

1. 应用

在零售与电子商务领域，AI 技术的应用主要体现在智能推荐、库存管理和客户服务等方面。智能推荐系统通过 AI 技术分析用户的购物行为和偏好，为用户推荐符合其需求的商品和服务。库存管理系统则利用 AI 技术预测商品需求量和库存水平，为零售商提供科学的库存管理建议。客户服务系统则通过 AI 技术实现自动化客服和智能语音应答，提高客户服务的效率和质量。

2. 市场前景

随着消费者需求的不断变化和电子商务的快速发展，AI 在零售与电子商务领域的市场前景广阔。通过 AI 技术，零售商和电商平台能够更准确地了解消费者需求，优化库存管理，提高客户满意度。此外，AI 技术还能够为零售商和电商平台提供数据分析和决策支持，帮助他们更好地把握市场趋势和竞争态势，从而实现业务的可持续发展。

在战略方向上，各企业应关注以上重点发展行业的应用趋势，结合自身优势制定AI发展战略。同时，政府应出台相关政策支持AI产业的发展，加强跨领域合作，推动AI技术在各行业的广泛应用。此外，还应关注AI技术的伦理和安全问题，确保AI技术的健康、可持续发展。

二、政策支持与产学研合作的推进策略

在人工智能发展的关键领域与战略方向中，政策支持与产学研合作的推进策略起着至关重要的作用。以下是针对这两方面的具体分析和归纳。

（一）政策支持策略

1. 政策引导与扶持

为了推动人工智能（AI）产业的快速发展，政府应明确AI产业的发展方向，并据此制定一系列发展规划和政策。这些政策旨在为企业提供明确的指导，确保AI产业的发展符合国家战略需求和市场趋势。

政府应设立专项资金，专门用于支持AI领域的研发、创新和应用。这些资金可以用于资助科研项目、支持企业技术创新和产品开发，以及鼓励企业加大研发投入，提高自主创新能力。通过资金的扶持，可以加速AI技术的突破和应用，推动整个产业的发展。

政府应提供税收优惠、融资支持等政策措施，降低AI企业的运营成本，激发市场活力。例如，对于符合条件的AI企业，可以给予一定的税收减免或优惠；同时，政府还可以引导金融机构加大对AI企业的信贷支持，降低企业的融资成本。这些措施将有助于缓解AI企业的资金压力，促进企业的快速成长。

2. 人才培养与引进

人才是推动AI产业发展的重要因素。为了加强人工智能领域的人才培养，政府应支持高校和科研机构设立AI相关专业和课程，培养具备创新能力和实践经验的AI人才。同时，政府还可以与企业合作，共同开展人才培训项目，为AI产业输送更多优秀的人才。

除国内人才培养外，政府还应积极引进海外高层次人才。通过提供优厚的待遇和良好的发展环境，鼓励海外人才回国创业，为AI产业的发展提供人才保障。这些海外人才将带来国际先进的技术和经验，为AI产业的发展注入新的活力。

3．伦理监管与法规建设

随着 AI 技术的广泛应用，伦理和法规问题也日益凸显。为了确保 AI 技术的健康发展，政府应建立完善的 AI 伦理监管体系。这个体系应包括伦理审查机制、风险评估机制等，以确保 AI 技术的研发和应用符合伦理规范和法律法规要求。

同时，政府还应制定相关法律法规，明确 AI 技术的使用范围、责任主体和法律责任。这些法律法规将为 AI 产业的规范发展提供法律保障，以确保 AI 技术的健康发展不会对社会造成负面影响。在制定法律法规时，政府应充分考虑 AI 技术的特点和发展趋势，确保法律法规的针对性和有效性。

（二）产学研合作推进策略

1．搭建合作平台

为了促进人工智能（AI）产业的持续繁荣与创新，搭建一个产学研合作平台至关重要。这个平台将作为高校、科研机构和企业之间沟通交流的桥梁，为各方提供一个共同研发、分享经验、探讨问题的空间。政府应积极推动这一平台的建立，并为其运营提供必要的支持和资源。

在这个平台上，高校和科研机构可以展示其最新的研究成果和技术进展，而企业则可以分享市场需求、产品应用以及技术难题。通过定期举办研讨会、技术交流会等活动，促进各方之间的深入交流与合作。此外，平台还可以建立线上社区，方便成员随时随地进行交流和讨论。

为了鼓励高校和科研机构与企业建立长期稳定的合作关系，政府可以出台相关政策措施，如设立合作项目资金、提供税收优惠等。这将有助于激发各方的合作热情，从而推动 AI 领域的研发和应用不断取得新突破。

2．推动技术转移与成果转化

技术转移和成果转化是产学研合作的重要环节。高校和科研机构拥有大量的科技成果和专利，但这些成果往往因为缺乏商业化运作经验而难以转化为实际生产力。因此，加强技术转移和成果转化工作至关重要。

政府可以设立技术转移中心或科技成果转化基金，为高校和科研机构提供技术评估、市场分析、商业策划等全方位的服务。同时，政府还可以鼓励企业积极参与技术转移和成果转化工作，提供资金支持、税收优惠等激励措施。这将有助于推动科技成果的商业化应用，提高 AI 产业的创新能力和市场竞争力。

3．建立合作机制

为了确保产学研合作的顺利进行，需要建立一种长效的合作机制。这种机制应明确各方的职责和权益，确保各方在合作过程中能够充分发挥各自的优势，实现优势互补、互利共赢。

政府可以出台相关政策文件，明确产学研合作的指导思想、基本原则和合作方式等。同时，政府还可以组织高校、科研机构和企业共同制定合作协议，明确各方的合作内容、目标、期限以及权益分配等。这将有助于确保合作的顺利进行，并为后续的深入合作打下坚实的基础。

4．加强人才培养与交流

人才是推动AI产业发展的重要因素。为了培养更多具备创新能力和实践经验的AI人才，需要加强高校、科研机构和企业之间的人才培养和交流工作。

政府可以设立人才培养计划和奖学金等激励措施，吸引更多优秀人才从事AI研究和创新工作。同时，政府还可以鼓励高校和科研机构与企业合作开展人才培养项目，共同培养具备跨学科背景和实践经验的AI人才。此外，政府还可以组织举办AI领域的国际交流活动，并邀请国内外知名专家学者进行学术交流和合作研究，推动AI领域的国际交流与合作。

通过政策支持与产学研合作的推进策略，可以进一步推动人工智能产业的发展，提高我国在全球AI领域的竞争力和影响力。这将有助于实现AI技术的广泛应用和普及，为社会经济发展注入新的动力。

第三节　人工智能面临的挑战与机遇并存

一、数据安全与隐私保护的平衡问题

在人工智能（AI）的发展过程中，数据安全与隐私保护的平衡问题一直是一个重要的挑战与机遇并存的领域。以下是对这一问题的详细分析。

（一）挑战

1．数据收集与隐私侵犯：AI技术发展的双刃剑

随着人工智能（AI）技术的飞速发展，其背后所依赖的数据基础变得越发庞大且复杂。这些数据不仅仅是简单的数字或文字，它们可能涵盖了用户的搜索历史、购买记录、社交网络互动等极为敏感的个人信息。然而，正是这些数据的收集和使用，为AI技术的发展提供了源源不断的动力。

但是，这一进步的背后却隐藏着对个人隐私的严重威胁。在AI技术的训练和学习过程中，需要大量的数据作为支撑。这些数据往往是在用户不知情或未明确同意的情况下被收集的，这无疑是对个人隐私的侵犯。用户的搜索记录可能被用于分析他们的兴趣偏好，购买记录可能被用于预测他们的消费习惯，而社交网络信息则可能被用于剖析他们的人际关系。这些信息一旦被滥用，就可能对用户的个人安全和生活造成极大的影响。

2. 数据存储与传输风险：信息安全的隐患

除了数据收集阶段的问题，数据存储和传输过程中的风险也不容忽视。在这个数字化的时代，数据的安全存储和传输是确保个人信息不被泄露的关键。然而，由于技术或人为的原因，数据的存储和传输过程中可能存在各种安全漏洞。一旦这些漏洞被黑客或不法分子利用，用户的个人信息就可能面临被窃取、篡改或滥用的风险。

随着AI技术的广泛应用，这种风险也在不断增加。越来越多的企业和机构开始使用AI技术来处理和分析数据，这也意味着更多的个人信息被存储在云端或通过网络进行传输。如果这些数据没有得到妥善的保护，就可能会成为黑客攻击的目标，给个人信息安全带来极大的威胁。

3. 技术滥用与歧视风险：AI的道德困境

在AI系统的开发和应用过程中，道德和公平性的考量同样至关重要。然而，在实际操作中，往往会出现忽视这些原则的情况。如果AI系统的开发者或使用者不注重道德和公平性，就可能会导致数据滥用和歧视现象的出现。

例如，基于不公正的数据集训练的AI系统可能会延续或加剧社会偏见。这些偏见可能来自历史数据中的不公平现象，也可能是由于开发者或使用者对某些群体的刻板印象所导致的。一旦这些偏见被AI系统所吸收并固化，就可能会在实际应用中产生不公平的结果，如歧视性招聘、不公平的信贷决策等。

（二）机遇

1. 技术创新与隐私保护：利用AI技术捍卫个人隐私

在AI技术高歌猛进的时代，不仅要面对技术带来的便利，更要关注它可能对个人隐私带来的威胁。幸运的是，AI技术本身也孕育出了保护个人隐私的创新方法。差别化的隐私技术，便是其中的佼佼者。这项技术能在收集和分析数据的过程中巧妙地添加噪声，这样一来，试图从数据中识别出特定个人用户的行为就变得异常困难。这种技术的巧妙之处在于，它能在保护个人隐私的同时，尽量不损害数据的整体分析价值。

同态加密技术则是另一项令人瞩目的隐私保护工具。它允许数据在未被解密的状态下直接地进行处理，这意味着个人数据在整个分析流程中都能保持加密状态，从而大大降低了数据泄露的风险。这种加密方法不仅复杂且强大，为数据科学家和分析师提供了一个安全的环境，让他们能够在不违反隐私规定的前提下深入挖掘数据的价值。

2. 法规完善与政策引导：构建AI时代的法律屏障

当然，技术创新只是隐私保护的一部分。政府的角色同样重要，特别是在制定和完善相关法律、法规方面。这些法规不仅旨在保护公民的个人信息和隐私权，还要规范科技公司和其他相关企业在处理个人数据时的行为。通过明确的法律条款和严格的监管措施，政府可以有效地防止数据滥用、泄露等问题的发生，从而为AI技术的健康发展奠定坚实的基础。

此外，政府还应通过政策引导，鼓励企业和研究机构在AI技术的研发和应用中更加注重隐私保护。这可以通过提供资金支持、税收优惠等激励措施来实现，以推动整个行业朝着更加负责任、可持续的方向发展。

3. 公众意识提升与自我保护：培养全社会的隐私保护意识

随着AI技术日益融入日常生活，公众对个人隐私保护的意识也在逐渐觉醒。这种意识的提升不仅能让人们更加珍视自己的权利，还能促使他们采取更加积极的自我保护措施。通过教育、宣传等途径，可以帮助公众更加深入地了解自己的隐私权利，以及如何在日常生活中避免不必要的个人信息泄露。

同时，公众意识的提升也将对科技公司和其他相关企业产生积极的影响。在消费者越来越注重隐私保护的背景下，这些企业将不得不更加重视技术研发中的隐私安全问题。这将促使他们采用更加先进、安全的隐私保护技术，以确保用户数据的安全性和可控性。最终，这种全社会的共同努力将为构建一个更加安全、可信赖的AI未来。

（三）平衡策略

1. 技术监管与审计：构建严密的AI数据监控体系

在AI技术快速发展的当下，政府对科技公司和其他相关企业的监管显得尤为重要。为了确保数据采集、存储、传输等核心环节的安全性和隐私性，政府需要实施更为严格和细致的监管措施。这包括但不限于定期检查企业的数据管理制度，审核其数据采集的合法性和必要性，以及监督数据存储和传输过程中的加密措施是否得当。

同时，一个完整的审计机制的建立也是不可或缺的。通过记录和监控AI系统的所有交互和操作，可以及时发现并纠正潜在的隐私问题。这种审计不仅是对企业的一种督促和提醒，更是对公众隐私权益的有力保障。政府应利用先进的技术手段，如日志分析、行为监测等，确保AI系统的透明度和可追溯性，从而构建一个公平、安全的AI应用环境。

2. 道德开发与用户教育：培育负责任的AI和用户群体

在AI系统的开发过程中，开发者应必须始终坚守道德原则，以确保算法是公平、无偏见的。这意味着在设计和训练AI模型时，应充分考虑数据的多样性和平衡性，避免引入任何形式的歧视或偏见。同时，开发者还应承担起教育用户的责任，帮助他们了解AI的工作原理以及与之相关的隐私风险。

用户教育的普及和深入同样重要。通过向用户传授有关AI和隐私保护的基本知识，可以增强他们的自我保护意识，减少因误操作或缺乏了解而导致的隐私泄露风险。这种教育不仅有助于建立用户对AI技术的信任，还能促进整个社会对AI技术的理性认知和负责任使用。

3. 推广加密技术与安全计算：筑牢数据安全的科技防线

为了提高数据的安全性，减少个人信息泄露的风险，采用先进的加密技术和安全计算技术是必不可少的。这些技术可以在数据传输、存储和处理过程中提供强有力的保护，确保数据不被窃取或篡改。

例如，采用端到端加密技术可以确保数据在传输过程中的安全性，即使数据被截获，也无法被轻易解密。同时，利用安全多方计算、零知识证明等先进技术，可以在不暴露原始数据的情况下进行数据处理和分析，从而大大降低了数据泄露的风险。

政府和企业应共同努力，推动这些先进技术的研发和应用，为公众提供更加安全、可靠的AI服务。通过不断加强技术监管与审计、坚持道德开发与用户教育，以及积极推广加密技术与安全计算，可以共同构建一个更加安全、公平、透明的AI未来。

二、技术标准制定与国际合作的必要性

在人工智能（AI）的发展过程中，技术标准制定与国际合作的必要性日益凸显。以下是关于这两个方面的详细分析和归纳。

（一）技术标准制定的必要性

1. 确保技术可行性和可靠性

人工智能技术以其复杂的算法和模型为基础，而标准化正是确保这些技术可行性和可靠性的关键。标准化意味着为AI技术设定一系列明确的规范、准则和测试方法，这有助于开发者在设计和开发过程中减少错误，提高技术的稳定性和可靠性。通过遵循这些标准，开发者可以确保他们的AI系统在各种场景下都能稳定运行，并满足用户的需求和期望。

标准化还可以促进技术的持续优化和迭代。随着AI技术的不断发展，新的算法和模型不断涌现。通过制定标准化的评估指标和测试方法，可以对新技术进行客观、公正的评价，确保其在实际应用中能够达到预期的效果。这不仅可以提高技术的竞争力，还可以为用户带来更好的体验和价值。

2. 促进技术交流与合作

标准化在促进技术交流和合作方面发挥着重要作用。由于AI技术涉及多个领域和学科，不同的技术开发者可能使用不同的工具、语言和框架。通过制定统一的标准，可以为这些开发者提供一个共同的语言和框架，使他们能够进行有效的交流和合作。这不仅可以加速技术的创新和发展，还可以避免技术孤岛的形成，推动人工智能技术的跨界融合和广泛应用。

标准化还可以促进技术的共享和互用。通过制定标准化的数据格式和接口规范，可以实现不同系统之间的数据共享和互通，从而打破信息孤岛，提高数据的利用效率和价值。这不仅可以为用户带来更加便捷的服务体验，还可以促进整个产业的协同发展。

3. 保护用户权益

人工智能技术涉及大量的个人数据和隐私信息，因此保护用户权益显得尤为重要。通过制定相关的技术标准，可以规范AI技术的应用范围和使用方式，防止滥用和侵害用户隐私。例如，可以制定数据收集、存储、传输和使用的标准规范，要求企业在收集用户数据时必须获得用户的明确同意，并在使用数据时必须遵守相关的隐私保护法规。

此外，还可以制定针对AI系统的安全标准和测试方法，确保系统能够抵御各种网络攻击和数据泄露风险。通过加强技术安全保护，可以有效保护用户的个人隐私和权益，增强用户对AI技术的信任感。

4. 增强社会信任和可持续发展

制定相关的技术标准不仅可以保护用户权益，还可以增强社会对人工智能技术的信任。随着 AI 技术的广泛应用，人们对其安全性和可靠性的关注度越来越高。通过制定和执行严格的技术标准，可以确保 AI 技术在实际应用中能够达到预期的效果，并为用户带来真正的价值。这将有助于建立社会对 AI 技术的信任感，为其可持续发展提供有力保障。

同时，标准化还可以促进 AI 技术的可持续发展。通过制定统一的标准和规范，可以避免技术的无序竞争和浪费资源，推动整个产业朝着更加健康、可持续的方向发展。此外，标准化还可以促进不同国家和地区间的技术交流和合作，推动全球范围内的 AI 技术创新和发展。

（二）国际合作的必要性

1. 解决技术标准的全球差异

在全球化日益加深的今天，人工智能的应用与发展已然跨越国界。然而，由于各个国家和地区在文化、法律、经济等多方面的差异，导致对人工智能的规范和标准存在显著的差异。这种差异不仅在技术标准上体现，更在数据使用、隐私保护、伦理准则等多个层面造成了实际应用中的争议和不确定性。这种局面显然不利于人工智能技术的全球推广和深度融合。

国际合作成为解决这一问题的关键路径。通过搭建国际交流平台，各国可以共同讨论、协商，推动全球范围内统一的人工智能技术标准的制定。这不仅能够减少因标准差异造成的技术壁垒和贸易摩擦，更能为人工智能的全球化应用提供一个清晰、一致的指导框架，从而增强其应用的确定性和可预测性。

2. 共享研发资源和成果

人工智能技术的研发无疑是一个资源密集型的过程，涉及大量的资金投入、高端人才的培养与引进，以及先进技术的持续研发。在这一背景下，国际合作显得尤为重要。通过国际合作，各国可以更有效地配置研发资源，实现资金、人才和技术的跨国共享与互补。这种合作模式不仅能加速人工智能技术的创新步伐，更能确保研发资源的最大化利用，避免不必要的重复投入和浪费。

国际合作也为各国提供了一个共享研发成果的平台。通过共同分享最新的研究成果、技术突破和创新应用，各国可以更快地推动人工智能技术在全球范围内的普及与发展。这种成果的共享不仅能促进技术的快速迭代和优化，更能加强各国在人工智能领域的相互依赖与合作，共同构建一个更加紧密、高效的全球人工智能生态体系。

3. 共同应对技术风险和挑战

随着人工智能技术的广泛应用，其带来的风险和挑战也日益凸显。数据安全和隐私保护问题、技术滥用和伦理困境等都成为制约人工智能技术进一步发展的关键因素。面对这些复杂的问题，单一国家往往难以独自应对，需要国际合作来共同研究和探讨解决方案。

通过国际合作，各国可以汇聚智慧、分享经验，共同制定和完善相关的法律法规、伦理准则和技术标准，以应对人工智能技术带来的各种风险和挑战。这种合作模式不仅能提升各国在应对技术风险方面的能力和水平，更能为全球范围内的人工智能技术发展提供一个更加稳定、可持续的环境。

4. 推动全球治理体系的完善

在全球化背景下，人工智能技术的发展和应用已然成为一个全球性的议题。这不仅涉及技术的创新和发展，更关乎全球治理体系的完善与变革。通过国际合作，各国可以共同参与全球人工智能治理体系的构建中来，推动其朝着更加公正、合理和有效的方向发展。

具体而言，国际合作可以促进各国在政策制定、法规建设、伦理规范等多个层面的交流与协作，共同为全球范围内的人工智能技术发展提供一个清晰、一致的治理框架。这不仅有助于确保人工智能技术的可持续发展和应用，更能增强全球治理体系的适应性和有效性，以应对未来可能出现的各种挑战和变革。

技术标准制定与国际合作在人工智能发展中具有不可替代的作用。通过制定统一的技术标准，可以促进技术的交流和合作，保护用户权益，增强社会信任；通过国际合作，可以解决技术标准的全球差异，共享研发资源和成果，共同应对技术风险和挑战，推动全球治理体系的完善和发展。因此，技术标准制定与国际合作是推动人工智能可持续发展的重要保障。

三、抓住 AI 技术带来的产业升级与经济发展机遇

在人工智能（AI）技术迅猛发展的当下，既面临着诸多挑战，也迎来了产业升级与经济发展的巨大机遇。以下是对这一机遇的详细分析和归纳。

（一）AI 技术带来的产业升级机遇

1. 提升生产效率与质量

随着人工智能（AI）技术的飞速发展，其在提高生产效率与质量方面展现出

了巨大的潜力。AI 技术能够实现生产自动化和智能化，极大地改变了传统制造业的生产模式。通过引入智能机器人和自动化生产线，企业可以显著降低对人力资源的依赖，减少人力成本，同时提高生产效率和产品质量。

智能机器人和自动化生产线具备高度的灵活性和精确度，能够执行复杂且精细的生产任务。它们可以连续不断地工作，不受疲劳和人为错误的干扰，从而确保产品质量的一致性和稳定性。此外，AI 技术还能通过智能调度和协调，优化生产流程，减少生产过程中的浪费和损耗，进一步提高生产效率。

据高盛的研究报告指出，美国约三分之二的职业或在某种程度上受到人工智能自动化的影响。这一趋势不仅体现在生产线上，还涉及各个行业的不同职位。随着 AI 技术的广泛应用，部分传统职业可能会逐渐消失，但也会催生出新的职业机会和岗位。因此，在提高生产效率的同时，企业和个人也需要关注职业结构的变革，积极应对挑战并寻找新的发展机遇。

2. 优化供应链管理

AI技术在优化供应链管理方面也发挥着重要作用。通过数据分析和预测模型，AI 技术可以帮助企业更加精准地预测市场需求和供应情况，从而优化库存管理、降低库存成本，并提高物流效率。

在供应链管理中，实时追踪和数据分析是至关重要的。AI 技术能够处理和分析大量的实时数据，提供有关市场需求、供应商表现、运输状态等方面的信息。这些信息有助于企业做出更加准确的决策，优化供应链的各个环节，实现供需平衡，减少资源浪费。

此外，AI 技术还能通过智能调度和协调，优化物流运输和仓储管理。例如，通过智能调度系统，企业可以更加高效地安排车辆和人员，减少运输时间和成本。同时，智能仓储管理系统可以实时监控库存情况，确保库存充足且不过度积压，提高库存周转率和资金利用率。

3. 推动制造业向高端化迈进

AI 技术不仅有助于提高生产效率和质量，还能推动传统制造业向高端化、智能化、绿色化方向发展。通过引入 AI 技术，企业可以实现产品设计和制造的智能化，提高产品的附加值和竞争力。

以哈电集团为例，该企业通过大数据、大模型、AI 技术赋能传统发电装备产品。通过智能监测和数据分析，哈电集团能够实现对发电装备产品的实时追踪和预测性维护，提高装备的可靠性和可控性。同时，利用 AI 技术还能实现装备的可视化管理，提高管理效率和决策水平。这些措施不仅提升了产品的附加值，还推动了制造业向高端化、智能化方向迈进。

AI技术还有助于推动制造业的绿色化发展。通过智能调度和优化生产流程，企业可以降低能源消耗和排放，减少对环境的影响。同时，AI技术还能帮助企业开发更加环保和可持续的产品，满足社会对绿色生产和消费的需求。

（二）AI技术带来的经济发展机遇

1．创造新的就业机会

在科技日新月异的今天，AI技术以其强大的智能化和自动化能力，确实可能在某些程度上替代传统的、重复性的工作岗位。然而，不必因此而感到恐慌。因为，正如历史上每一次技术革命所带来的那样，AI技术的发展同样将创造大量全新的就业机会。

AI技术的研发、应用、维护以及管理，都需要具备专业技能的人才来支撑。这不仅是对技术人才的需求，还包括了项目管理、数据分析、法律咨询等多个领域。可以说，AI技术的普及和发展，将为社会带来更加多元化的职业选择。

以MIT经济学教授David Autor的研究为例，他深入探讨了技术进步对就业市场的影响。研究发现，技术进步不仅替代了部分传统岗位，更重要的是，它催生了大量新的就业机会。美国现今60%的职业在1940年还未出现，这一数据足以说明技术进步对就业市场的深远影响。过去80年间，85%以上的就业增长都源自技术创新所孕育的新岗位。因此，有理由相信，AI技术的发展将继续推动就业市场的演变，为社会创造更多的就业机会。

2．促进数字经济发展

AI技术不仅是科技发展的产物，更是推动数字经济发展的关键力量。作为数字经济的重要组成部分，AI技术的广泛应用正深刻改变着经济结构和商业模式。

在电子商务领域，AI技术通过精准的用户画像和智能推荐系统，极大地提高了用户体验和购物效率。在线教育平台则利用AI技术实现个性化教学，提高教育质量。而在远程医疗方面，AI技术使得远程诊断、健康监测等成为可能，为患者带来了更加便捷、高效的医疗服务。

这些数字产业的快速发展，不仅为人们提供了更加便捷、智能的服务，也为经济增长注入了新的活力。随着AI技术的不断进步和应用领域的拓展，数字经济将迎来更加广阔的发展空间。

3．加强国际合作与交流

AI技术作为全球性的技术和产业，其发展需要跨越国界、汇聚全球智慧。在这个过程中，国际合作与交流就显得尤为重要。

通过国际合作与交流，各国可以共享在AI技术研发和应用方面的经验，从而加速技术创新的步伐。同时，这种合作与交流也为各国提供了探讨共同问题、寻求解决方案的平台。例如，在数据安全、隐私保护等全球性挑战面前，各国需要携手应对，共同制定相关标准和规范。

国际合作与交流还能促进AI技术的全球推广和应用。通过分享成功案例、探讨合作模式，各国可以共同推动AI技术在全球范围内的普及和发展，从而为全球经济的繁荣与进步贡献力量。

AI技术带来的产业升级与经济发展机遇是巨大的。为了抓住这些机遇，需要加强技术研发与创新、推动产业升级与变革、构建良好的AI生态体系、加强国际合作与交流以及培养公众对AI的正确认识与态度。同时，也需要关注AI技术可能带来的挑战和风险，并采取有效措施加以应对。